物联网 Python 开发实战

（第 2 版）

安　翔　编著

电子工业出版社

Publishing House of Electronics Industry

北京·BEIJING

未经许可，不得以任何方式复制或抄袭本书之部分或全部内容。

版权所有，侵权必究。

图书在版编目（CIP）数据

物联网 Python 开发实战/安翔编著 . —2 版 . —北京：电子工业出版社，2024.7

ISBN 978-7-121-47995-3

Ⅰ . ①物… Ⅱ . ①安… Ⅲ . ①软件工具-程序设计 Ⅳ . ①TP311.561

中国国家版本馆 CIP 数据核字（2024）第 110791 号

责任编辑：张　楠　　特约编辑：刘汉斌

印　　刷：涿州市般润文化传播有限公司

装　　订：涿州市般润文化传播有限公司

出版发行：电子工业出版社

　　　　　北京市海淀区万寿路 173 信箱　邮编　100036

开　　本：787×1 092　1/16　印张：19.75　字数：505.6 千字

版　　次：2018 年 3 月第 1 版

　　　　　2024 年 7 月第 2 版

印　　次：2025 年 3 月第 4 次印刷

定　　价：69.80 元

凡所购买电子工业出版社图书有缺损问题，请向购买书店调换。若书店售缺，请与本社发行部联系，联系及邮购电话：(010)88254888，88258888。

质量投诉请发邮件至 zlts@phei.com.cn，盗版侵权举报请发邮件至 dbqq@phei.com.cn。

本书咨询联系方式：(010)88254579。

前　言

本书内容写作安排：

第 1 章——物联网邂逅 Python

本章大致介绍物联网的组成、架构、发展现状及当前市面上典型的物联网应用方案，阐述 Python 编程语言的特性和优点，讲述用 Python 编程语言开发物联网终端设备、网关设备、Web 后台程序的具体方法及优势。

第 2 章——开启 Python 之旅

本章从零开始讲解如何使用 Python 编程语言进行编程，通过大量的实例源代码带领 Python 初学者掌握基本的 Python 编程技巧。

第 3 章——Python 数据结构

Python 编程语言除了拥有比较通用的字符串、列表等数据结构，还有元组、字典、集合等特有的数据结构。熟练掌握和运用 Python 编程语言的各种数据结构是编写高质量 Python 程序的基础。

第 4 章——Python 高级特性

Python 作为一门高级编程语言，拥有众多自身特有的高级特性，如生成器、迭代器、装饰器等，同时也可以面向对象编程，只有掌握高级特性的使用方法，才能抓住编程的精髓。

第 5 章——物联网核心组件

本章介绍物联网的核心组成部分和关键技术点，首先介绍 Wi-Fi、移动、ZigBee、BLE、LoRa、NB-IoT 等网络通信方案，以及 HTTP、WebSocket、XMPP、CoAP、MQTT 等网络通信协议；其次介绍常用的硬件设备，包括处理器、传感器、通信模块等；最后介绍几种市面上常用的物联网云平台，如中国移动的 OneNet 平台、AWS IoT 平台、IBM 的 Waston IoT 平台等。

第 6 章——MicroPython 开发物联网终端

终端是物联网连接真实世界的第一层，是物联网产品中数量最庞大的部件。本章重点讲解目前非常火爆的 MicroPython，可用于开发单片机程序，单片机是物联网终端设备的核心，除了介绍 MicroPython 的基本使用，还会用 MicroPython 构建一个液晶屏显示程序实例。

第 7 章——构建物联网网关

网关是连接终端设备和后台的枢纽，同时还负责局域网的组建和维护、本地数据存储、通信规则制定、业务逻辑管理等。在实际应用中，网关通常是一个运行 Linux 操作系统并搭载物联网通信模块及其他外设的嵌入式设备。本章将介绍网关上嵌入式 Linux 的相关知识及 Python 环境的构建方法，为后续讲解网关 Python 的开发提供基本的软件、硬件环境。

第 8 章——网关数据编码与处理

网关作为物联网应用中的通信枢纽，在通信过程中需要处理多种格式的数据，包括转发、编解码、解析等方式。本章讲述网关如何通过 Python 语言处理各种格式的数据，包括 CSV、JSON、XML、二进制数据、Base64 等格式的数据。

第 9 章——网关多进程与多线程

物联网网关需要管理大量的终端设备，承担通信、运算、IO 操作等多种任务。本章介绍实现多种任务的方式及多进程、多线程、协程、异步 IO 等多种 Python 程序模型，并对其进行对比，针对 CPU 密集型和 IO 密集型不同应用场景下方案的选择，使网关程序性能更优。

第 10 章——网关数据持久化

网关不仅是运算中心和通信枢纽，也是局域网数据存储中心。数据持久化是系统稳定运行的必要条件。当数据存放在内存中时，一旦系统发生软件、硬件故障，则数据会丢失。为了避免这种情况，某些关键数据需要固化在磁盘上。本章介绍数据固化在磁盘上的两种方式——普通文件和数据库，并介绍 Python 程序对这两种数据存储方式的实际运用。

第 11 章——Python 扩展

Python 在物联网行业中的应用与其他行业中的应用有很大不同。物联网涉及硬件设备。物联网硬件设备 CPU 的处理能力通常非常有限，在某些特殊场景，需要使用 C 语言编写操作硬件设备的程序，提供 Python 调用接口，以实现 Python 对硬件设备的控制，在某些效率要求非常高的场景，先使用运行效率更高的 C 语言编写程序，再编译成 Python 扩展库，可提高程序的执行效率。本章主要讲解使用 C 语言扩展 Python 的方法。

第 12 章——网关网络编程

网关负责局域网的组建和维护，需要与后台通信才能完成数据、指令的传输。本章首先介绍使用 Python 编程语言进行基本的 Socket 编程，然后以实际应用为例，分别讲解基于 requests 模块的文件传输和基于 MQTT 协议实现的 hbmqtt 编程。

第 13 章——物联网后台 Web 开发

本章介绍基于 Python 的 Django Web 框架基础知识，包括视图与 URL 配置、模板、模型、表单、静态文件处理、用户注册与登录等。

第 14 章——物联网 Python 项目实战

本章介绍一个基于物联网的智能种植项目，从项目架构、功能及项目所包含的终端设备、网关、后台程序等方面全面展示开发过程。该项目在 GitHub 提供了部分源代码。读者通过该项目实战能够了解一个完整物联网项目的全貌，掌握物联网 Python 开发的细节。

目　　录

第1章
物联网邂逅 Python

物联网是新一代信息技术的重要组成部分，也是信息化时代发展的重要力量。随着移动互联网增速的放缓，物联网无疑是当前发展最为火热的科技行业之一。

依靠简单的语法、丰富的库、高效的开发效率，Python 覆盖了越来越多的 IT 领域，如科学计算、服务器后端、网络爬虫、自动化运维等，成为目前上升势头非常强劲的编程语言。Python 在运行 Linux 系统的嵌入式设备中也得到了应用，如在开源硬件树莓派中，Python 的使用不仅发挥了强大的库功能，而且通过扩展的 IO 库可以访问底层硬件，操作硬件不再是 C 语言的专利。计算能力弱、存储空间小的单片机领域也有多个可以运行的 Python 项目，包括历史悠久的 PyMite 及其衍生品 Pymbed。其中，MicroPython 迭代最迅速，拥有自己的 Python 虚拟机和解释器，能够在多款单片机上运行。

最火的编程语言结合最火的行业，当 Python 邂逅物联网时，会发生怎样的故事？碰撞出怎样的火花呢？

1.1 物联网组成架构

自物联网概念被提出以来，各大芯片公司、运营商、互联网巨头等均大力投身其中。经过多年的发展，随着 NB-IoT、eSIM 等关键技术的成熟，共享单车等物联网应用爆发，真正的万物互联已经到来，物联网大大改变了人们的生活方式，正在成为下一个科技浪潮。

物联网作为一个系统网络，与其他网络一样，也有内部特有的架构。大体上来说，物联网由云、管、端等三大部分组成：云，即云平台，负责真实世界数据的存储、展示、分析，是物联网的最上层，是中枢和大脑，是连接人和物的纽带；管，即管道，是物联网的网络核心，一切数据和指令均靠管道来传输，是物联网的中间层；端，代表终端设备，负责真实世界的感知和控制，是物联网的最下层。

图 1.1 展示了物联网组成架构。由图可知，终端是多种软件、硬件的集合，是具有感知、控制、通信能力的智能硬件，具体包含如下部分。

处理器。处理器是物联网终端设备的中枢，所有的外围设备均需要连接在处理器的 IO 上，数据采集、指令下发、数据传输等全部由处理器控制。根据应用场景复杂程度的不同，处理器可以是一个 8 位的单片机，也可以是含有多核的运算能力非常强的 CPU。

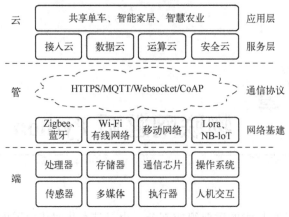

图 1.1　物联网组成架构

存储器。存储器是以单片机为核心的终端设备，并不是必需的，因为单片机本身就是运算器、RAM、ROM 的集合，在 ROM 无法满足存储空间需求的情况下，才需要外接存储器，对于需要运行 Linux 等操作系统的终端设备，存储器是必不可少的，可用来存放操作系统的镜像、根文件系统、系统配置文件及用户数据等。存储器的种类有 NAND Flash、NOR Flash、EEPROM、SD 卡、TF 卡等，根据需要选择即可。

通信芯片。物联网终端设备在上传数据、接收控制指令时都需要与后台通信，通信芯片就是提供该能力的桥梁。

操作系统。物联网针对自身特性设计的专用操作系统可提升开发和运行效率。

传感器。传感器是将真实世界的信息转化为计算机（PC）信号的转换器，是计算机能够感知真实世界的关键。传感器种类繁多，包含红外传感器、温湿度传感器、光照强度传感器、气体传感器、烟雾传感器等。

多媒体。现实世界是丰富多彩的，音频、图片、视频等文件的采集均需要多媒体设备的支持，如声卡、摄像头等。

执行器。执行器是控制电路、机械部件，如继电器、电机等，计算机通过执行器控制真实世界的物体。

人机交互。终端设备有时需要与人直接交互，此时就需要屏幕等显示设备及按键、触摸屏、语音输入等输入设备的支持。

管道包含网络基建和通信协议部分。

网络基建。物联网的设备分散、应用场景复杂，决定了单一网络无法满足所有需求，需要多种网络类型从功耗、延时、带宽、容量、覆盖面、稳定性等方面支持不同场景。

Wi-Fi、有线网络具有速率和稳定性方面的优势，覆盖率不高，在某些场景下，设备无法通过它接入网络。移动网络相比 Wi-Fi、有线网络在覆盖率上虽有大幅提升，但在地下、偏远地区等特殊区域依然无法保证 100% 的覆盖。为了弥补覆盖问题，ZigBee、蓝牙以组网的方式构建局域网，虽通过网关的中继功能接入互联网，但通信距离、终端功耗等方面的能力并不是最优的。LoRa、NB-IoT 等低功耗广域网虽能够满足物联网设备对低功耗、通信距离长的要求，但通信速率很低，无法满足大数据量的传输。

可见，多种网络通信方式互有所长，相互协作、弥补，共同构成了物联网的网络基础建设。

通信协议。通信协议可满足物联网不同应用场景的通信效率和通信安全。

HTTPS 是 HTTP 的安全版，基于 SSL，保证安全的 HTTP 数据传输。Websocket 替代 HTTP 轮询，可提供更加高效的全双工通信方式。MQTT 专为物联网设计，基于发布/订阅消息模式，解除应用程序耦合，对负载内容可屏蔽消息传输，具有三种消息发布服务质量等级。CoAP 是基于 REST 架构，专为资源受限的物联网设备定制的。

云平台可分为服务层和应用层。服务层可提供基础、共有的服务，负责维护物联网终端设备的接入，存储和分析海量的传感器数据，提供物联网通信的安全保障，通过智能、快速的运算，加速系统的运行效率。在服务层提供的基础功能之上，应用层可实现丰富多彩、五花八门的具体业务，如共享单车、智能家居、智慧农业等方面的应用。

1.2　物联网发展现状

物联网是一个非常复杂、庞大的体系，需要多方面共同构建，如需要半导体厂商提供处理、存储等芯片，需要运营商建设网络，需要互联网企业提供后台服务，需要集成商进行整合。

1.2.1　终端设备

随着手机、平板电脑等移动设备数量增速的放缓，ARM、NXP、TI、高通等半导体厂商均将发力点转移到物联网领域，打造针对物联网的专业芯片。

中国移动推出了多款 eSIM 2G 基带芯片，更便于提供物联网海量设备的开卡服务。此外，中国移动还发布了多款 NB-IoT 通信模组，支持 eSIM 技术和 OneNet 平台协议，适合物联网终端无线连接，有效地解决了当前物联网的诸多问题。

1.2.2　操作系统

ARM Mbed OS：ARM 公司专为物联网中的"物体"设计的开源嵌入式操作系统，主要支持 ARM Cortex-M 微控制器。

Contiki OS：开源物联网操作系统，可将小型、低成本、低功耗的控制器连接到互联网，是构建复杂无线系统的强大工具箱。

Zephyr：可扩展的实时操作系统，支持多种硬件结构，针对资源有限的设备进行了优化，以安全性为基础构建，由 Linux 基金会托管。

LiteOS：华为公司的操作系统，是轻量级的开源物联网操作系统、智能硬件使能平台，可广泛应用于智能家居、穿戴式、车联网、制造业等领域，使物联网终端的开发简单、互联更加容易、业务更加智能、体验更加顺畅、数据更加安全。

Ostro：基于 Linux 且为物联网智能设备量身定制的开源操作系统，包含 Linux 参考设计、软件包安装和管理机制，可以让智能设备的连接潜力扩展到最大。Ostro 项目不但能提供管理众多智能设备的工具，最重要的是还能保障物联网世界的安全，支持 Node. js、Python 和 C/C++ 等多种应用编程框架。

Android Things：Google 推出的全新物联网操作系统，前身是物联网平台 Brillo，除了继承 Brillo 的功能，还加入了 Android Studio、Android SDK、Google Play 服务及 Google 云平台等 Android 开发者熟悉的工具和服务，支持物联网通信协议 Weave，可让所有类型的设备能够连接云端并与其他服务，如 Google Assistant 交互。

1.2.3 通信手段

LoRa 是 LPWAN（低功耗广域网）中的一种通信技术，是美国 Semtech 公司采用和推广的一种基于扩频技术的超远距离无线传输方案。这一方案改变了以往关于传输距离与功耗的折中考虑方式，是一种能够简单实现远距离传输、长电池寿命、大容量的系统，进而扩展了传感网络。目前，LoRa 主要在全球免费频段运行，包括 433MHz、868MHz、915MHz 等。LoRa 联盟是由 Semtech 牵头成立的一个开放、非营利组织，如 IBM、思科、法国电信 Orange 等重量级的厂商。产业链中的每一个环节均有很多企业参与。开放性、竞争与合作的充分性都促使了 LoRa 的快速发展和生态繁荣。

ZigBee 是一种近距离、低复杂度、低功耗、低速率、低成本的双向无线通信技术，自组网、自恢复能力强，可用于井下定位、室外温湿度采集、污染采集等。ZigBee 的安全性较高，安全性源于系统性的设计：采用 AES 加密，加密程度相当于银行卡加密技术的 12 倍；采用蜂巢结构组网，每个设备均通过多个方向与网关通信，保障了网络的稳定性；每个设备具有无线信号中继功能，可以接力传输通信信息并将无线距离扩大到 1000m 以外；网络容量理论节点有 65300 个；双向通信能力不仅能发送命令到设备，同时设备还能将执行状态和相关数据反馈回来；采用极低的功耗设计，可以全电池供电，在理论上，一节电池能使用 2 年以上。

NB-IoT 聚焦低成本、广覆盖的物联网市场，是一种可在全球范围内广泛应用的新兴技术，具有覆盖面广、连接多、速率低、成本低、架构优等特点。NB-IoT 使用 License 频段，可采取带内、保护带或独立载波等三种部署方式，可与现有的网络共存。NB-IoT 的一个扇区能够支撑 10 万个连接，功耗仅为 2G 的 1/10，终端模块的待机时间可长达 10 年。

1.2.4 网络建设

目前，LoRa 网络已经在世界多地进行试点或部署：LoRa 基站覆盖了京杭大运河的 1300km 流域；美国网络运营商 Senet 在北美进行了 LoRa 基站的建设；法国电信 Orange 宣布在法国建立 LoRa 网络；荷兰皇家电信 Kpn 在新西兰建网；印度 Tata 在 Mumbai 和 Delhi 建网；Telstra 在墨尔本进行试点。

中国移动在江西鹰潭开通了多个 NB-IoT 基站，计划在智慧城管、智慧路灯、智慧停车、智慧物流、智慧农业等领域率先开展 NB-IoT 业务的应用。中国电信的 NB-IoT 业务已经全面展开，领先的 4G 网络实现全国覆盖。中国联通一直致力于物联网的发展，建成以上海为代表的目前世界上最大规模的 NB-IoT 商用城域网络，实现了上海城域全覆盖，并已经在全国多个城市同步推进测试工作。

1.2.5　应用协议

为了满足物联网通信的特殊性，IBM 推出了专用的通信协议 MQTT。该协议支持所有的平台，几乎可以把物联网所有的物体连接起来，专门针对计算能力有限且工作在低带宽、不可靠网络的远程传感器和控制设备设计。目前，MQTT 已经在物联网行业广泛使用。

CoAP 是受限制应用协议的代名词，非常小，运行在 UDP 协议之上，最小的数据包仅有 4 个字节。对于小设备（256KB Flash、32KB RAM、20MHz 主频），CoAP 是一个很好的解决方案。

1.2.6　云平台

目前，市面上为物联网专属打造的云平台很多，可方便物联网终端设备的接入及数据的呈现，比较大的云平台有如下几种。

OneNet 是中移物联网打造的物联网云平台，目前设备的接入量已达 8700 万个，可提供海量链接、数据存储、在线管理、消息分发、原子服务、事件触发等，支持多类型标准 API 和丰富的终端协议，满足海量设备的高并发接入；分布式结构、完备的数据接口和多重保障机制可实现高效的资源管理和安全的数据存储；具有在线设备的监控管理、在线调试、数据统计分析和实时控制功能；可通过消息转发、短彩信推送、信息推送等方式快速通知应用域，建立信息通道；汇聚中国移动短彩信、位置、IaaS 资源等优质原子服务；自定义事件触发条件，云端实现事件级别数据处理，减轻业务平台处理压力。

天工是基于百度云构建的、融合百度大数据和人工智能技术的"一站式、全托管"智能物联网云平台，可提供物接入、物解析、物管理、规则引擎、时序数据库、机器学习、MapReduce 等一系列物联网的核心产品和服务，帮助开发者快速实现从设备端到服务端的无缝链接，高效构建各种物联网的应用，如数据采集、设备监控、系统维护等。

通过持续的技术创新和不断积累的行业经验，天工日益成为更懂行业的智能物联网云平台，在工业制造、能源、零售 O2O、车联网、物流等行业均提供了完整的解决方案。同时，基于天工设备认证服务，还建立了互信、共赢的生态合作机制，帮助行业快速实现了万物互联的商业价值。

1.3　物联网典型应用

物联网能够提高各个行业的生产效率，提升人们的生活质量。下面通过共享单车（行）、智能家居（住）、智慧农业（食）讲述不同场景下物联网系统的技术架构和实现方法。

1.3.1 共享单车

共享单车作为最典型的物联网应用之一，很好地解决了家–地铁口、公司–地铁口"最后一公里"的交通问题。共享单车就是一个典型的物联网应用。

如图 1.2 所示，共享单车系统架构由单车、云平台、手机三大部分组成。单车是物联网的终端设备，核心是单片机，由太阳能电池板（电源）供电，依靠 2G 芯片通过移动网络和云平台进行通信，通过 GPS 定位模块传输自身的位置信息给云平台，手机通过云平台获得单车的位置信息，实现寻车功能，在某些移动网络无法覆盖或者信号质量可靠性低的区域，可以通过手机和单车的蓝牙模块建立近场通信链路，实现对单车的控制。单片机通过执行器开启车锁，实现对机械结构的操作。

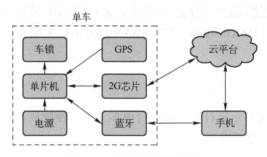

图 1.2 共享单车系统架构

1.3.2 智能家居

智能、舒适的家居环境可提升人们的生活质量。智能家居就是为了改善家居环境存在的。

图 1.3 展示了一个完整的智能家居系统架构，由终端、控制器、网关、云平台、手机 App 等组成，通过网关构建的 ZigBee 局域网管理家居环境中的终端。控制器是终端和网关之间的数据、指令中转设备，根据功能不同可以分为感知控制器、照明控制器、安防控制器、红外控制器等。终端是真实的电器、机械、传感器等设备。网关除了维护局域网，还需

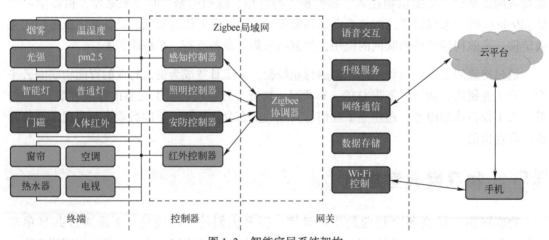

图 1.3 智能家居系统架构

要实现后台网络通信、语音交互、本地数据存储、软件升级服务、Wi-Fi 控制功能等。云平台是用户与终端之间的数据、指令分发器。手机用于观察、控制终端。

1.3.3　智慧农业

智慧农业通过环境感知、科学运算、智能滴灌等技术可提升农作物的产量。

图 1.4 为智慧农业系统架构，针对位置偏远、农场面积大、通信距离远、没有网络接入条件等特性，采用 LoRa 低功耗广域网通信方式构建局域网、通过 2G/4G 等移动网络对接后台的方式实现通信。终端通过大量的传感器或控制器采集农场环境数据或信号。后台通过网关的转发得到数据或信号后，进行可视化呈现、计算分析，给出科学的控制指令，如浇灌。终端通过控制器触发浇灌系统，实现对农作物的浇灌。

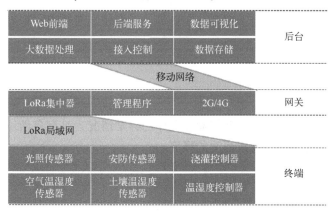

图 1.4　智慧农业系统架构

1.4　使用 Python 的理由

Python 是一种简单的、解释型的、交互式的、可移植的、面向对象的高级编程语言。它的设计哲学是优雅、明确、简单并且完全面向对象。

1.4.1　Python 特性

Python 因代码量小、维护成本低、编程效率高等特点使其成为运用最广的编程语言之一，在越来越多的领域发挥了优势。具体来讲，Python 具有如下特性。

 面向对象

Python 面向对象的程序设计可抽象出对象的行为和属性，把行为和属性分开，又合理地组织在一起，消除了保护类型、抽象类、接口等元素，使概念更容易理解。

 简单

Python 的语法非常简单，没有分号，使用缩进的方式分隔代码，代码简洁、短小、易读。表 1.1 为 Python、C、Java 打印 Hello Word 的最简单的代码对比。

表 1.1　Python、C、Java 打印 Hello World 的最简单的代码对比

Python	C	Java

print（"Hello Word"）	#include <stdio. h>
	int main（void）
	{
	　　printf（"Hello Word"）;
	}
		public class HelloWord {
		public static void main（String args []）{
		　　System. out. print（"Hello Word"）;
		}
		}

 易用的数据结构

Python 的数据结构包括元组、列表、字典等：元组相当于数组；列表可用作可变长度的数字；字典相当于哈希表。

 健壮性

Python 提供了异常退出机制，能够捕获程序的异常情况，具有自动垃圾回收、内存管理机制，降低了程序因内存错误造成崩溃的概率。

 跨平台性

Python 会将代码先编译成与平台相关的二进制代码，再通过平台的解释器执行。Python 代码可以在不同的平台运行，省去了嵌入式领域不同 IC、OS 需要重新编写 C 代码的烦琐工作，可实现一次编写，到处运行。

 可扩展性

对于性能比较敏感、核心算法需要保护的情景，以及与嵌入式硬件操作相关的领域，Python 均可以使用 C 语言进行很方便的扩展。

 动态性

Python 不需要另外声明变量，直接赋值即可创建新变量。

 强类型

Python 根据赋值表达式的内容决定变量的数据类型，在内部建立管理变量的机制，出现在同一表达式中不同类型的变量需要进行类型转换。

1.4.2　Python 无处不在

Python 自被提出以来便发展迅速，目前的应用场景非常广泛，几乎无处不在，在很多前沿科技领域均发挥着重要的作用，具体体现在如下方面。

　多媒体

利用 PIL、Piddle、ReportLab 等模块可以处理图像、音视频、动画等，动态图表的生成、统计分析图表等都可以通过 Python 实现。

　科学计算

Python 可以广泛地在科学计算领域发挥独特的作用，有许多模块可以在计算矩形数组、矢量分析、神经网络等方面高效地完成工作。

　网络编程

Python 有多个成熟的网络编程框架和服务器可用来快速实现网络编程应用的开发：Tonardo 是一个多并发、轻量级的应用，非阻塞的 Web 容器；Twisted 是一个 Python 应用程序和库文件的集成套件，包括全套页面服务应用程序和基于文本模式的游戏引擎，以及一些能对数据流进行处理的模块，是一个异步网络开发框架，包含可以独立运行的服务器；Django 是一个具有全自动化的管理后台，可自动生成数据库结构和全功能的管理后台；Flask 是基于 Werkzeug WSGI 工具和 Jinja2 模板引擎的轻量级 Web 应用框架。豆瓣、YouTube 等网站均使用 Python 开发。

　嵌入和扩展

Python 不仅可以嵌入其他程序，也可以通过 C、C++、Java 等编写扩展模块，实现对硬件的操作。因此，Python 适合嵌入式领域的程序开发。常用的做法是使用 C 语言编写硬件操作扩展库，Python 通过调用 C 语言扩展库实现对硬件的操作。

　游戏编程

Panda3D、Renpy、Bigworld 等 Python 游戏引擎使游戏编程变得非常方便。

　机器学习、大数据分析

在机器学习、大数据分析领域，Python 也有众多的科学库供选择，如 Numpy、Pandas、Matplitlib、Scikit-learn 等。

1.4.3　开发速度有时更重要

开发者对 Python 的最大顾虑之一就是运行速度比较慢。有些开发者甚至因为这个原因拒绝使用 Python。笔者认为不能一概而论，这里存在一些误区：首先，Python 的运行速度并不是那么慢，并且 Python 的运行速度是可以优化的；其次，有时候 Python 的运行速度并不是首要考虑的因素。

 优化最宝贵的资源

过去，由于最宝贵的资源是计算机的运行时间，因此 CPU 和内存等硬件比较昂贵，需要对硬件资源进行优化以节省成本。时过境迁，如今这条规则不再适用，很多芯片等硬件非常便宜，运行时间和硬件资源不再是最宝贵的资源。有些时候，公司最宝贵的资源是人力，把事情更快地做完更加重要。

 比竞争对手更快地创新

在开发者的世界，"速度"一词通常指的是程序的运行速度，代表程序的运行效率和性能；在老板的世界，"速度"一词往往指的是业务速度，也就是产品的上市时间。

很多时候，产品程序的运行速度并不是最重要的，用什么语言编写也不是最重要的，甚至开发时需要花费多少钱还不是最重要的，缩短产品的上市时间才是最重要的。

 CPU 不一定是瓶颈

如果编写一个网络应用程序时，如 Web 服务器，则很有可能 CPU 并不是程序运行速度的瓶颈，当 Web 服务器处理一个请求时，可能会进行几次网络调用，如访问数据库，虽然这些服务本身可能比较快速，但是网络调用却很慢。

物联网系统架构包含大量的传感器、通信模块等硬件，终端设备的主要任务是进行数据的收集和传输而不是运算，因此 CPU 的计算压力并不大，大部分的精力都用于 IO 数据的读写。

 Python 的速度可以优化

Python 有调用 C 语言代码的能力，可以用 C 语言重写某些代码来提高程序性能。

Cython 是 Python 的超集，几乎是 Python 和 C 语言的合并，是一种渐进类型的语言。任何 Python 代码都是有效的 Cython 代码。Cython 代码可以编译成 C 语言代码，并逐渐扩展到越来越多的 C 语言类型，还可以将 C 语言类型和 Python 类型完美组合，只在关键的地方使用 C 语言优化，在其他地方仍然享有 Python 的便捷与优雅。

当 Python 代码产生阻碍时，不需要把整个代码库用另一种不同的语言来编写，只需要用 Cython 重写几个函数代码就能得到需要的性能，或者使用其他方法优化。例如，PyPy 是一个 Python 的 JIT 实现，通过使用 PyPy 替换 Cython（这是 Python 的默认实现），可为长时间运行的应用程序提供重要的改进。

总之：

- 优化最贵的资源，是开发者，不是计算机；

- 选择一种语言/框架/架构可快速开发，如 Python；

- 当遇到性能问题时，请找瓶颈所在；

- 性能瓶颈很可能不是 CPU 或 Python 本身；

- 如果 Python 成为瓶颈，那么可以通过 Cython、PyPy 或者 C 语言来优化。

1.5　美丽的相遇

大多数完整物联网项目的开发都需要单片机工程师、嵌入式 Linux 工程师、后台工程师、Web 前端工程师及 App 工程师共同来完成。暂不考虑系统本身的协作，要调动如此多的人力资源就不是一件容易的事。如果能够使用一种语言完成物联网项目的大部分开发工作，将会大大提升产品的开发效率。

移动互联网的迅速发展，除了芯片、操作系统的支持，Java 编程语言庞大的开发群体及易用性功不可没。同样，物联网行业也需要更加高级、开发效率更高、适用范围更广的编程语言。如何使用 Python 开发物联网项目呢？笔者将从物联网的终端、网关及后台等三部分简述使用 Python 开发物联网项目的方法。

1.5.1　Python 与终端

物联网终端设备的主控芯片大多是单片机，需要大量的 IO 操作对接传感器等外围设备，由于运算、存储资源的限制，传统单片机的开发几乎被 C 语言和汇编语言统治，不同厂商的芯片几乎都独立定义寄存器，有不同的编译环境及 API，形成了不同厂商、不同芯片型号之间无法互通和共用的现状。在实际开发过程中，基于某个厂商的某款单片机完成开发后，在产品化的过程中若想使用另外厂商的某款性价比更高的单片机，那么就需要重新完成代码的编写。各个厂商之间的独立，造成了单片机的碎片化，无法做到通用和复制。

针对这种现状，目前市面上有多个基于 Python 的开发项目，通过对硬件底层的封装提供标准化的、统一的 API，使用通用的开发环境，可大大提升单片机的跨平台和可移植性，一次编写，到处运行。硬件方案的更改并不需要重新编写代码。具有代表性的项目如下。

 PyMite

PyMite 是一个嵌入式的 Python 运行环境，可以运行在 8 位单片机上或其他小型嵌入式系统中，最小系统需求为 64KB ROM、4KB RAM。PyMite 已经在多个平台上运行，如 Arduino MEGA、AT91SAM7、AVR、MC13224、LPC1368、PIC24、STM32 等。PyMite 支持多重继承、闭包、字符格式化符号、ByteArray 类等特性。

 Zerynth

Zerynth 是需要商业许可证的单片机 Python 项目，有自己的 IDE，采用编译模式。

 MicroPython

MicroPython 是能够运行在微处理器上的 Python，有自己的虚拟机和解释器，遵守 MIT 协议。MicroPython 的特点有：

- 使用 Python3；

- 完整的 Python 语法分析器、解析器、编译器、虚拟机；

- 包含命令行接口，可离线运行；

- Python 字节码由内置虚拟机编译运行；

- 有效的内部存储算法，能够带来高效的内存利用率，整数变量存储在内存堆中，而不是栈中；

- 使用 Python Decorators 特性，函数可以被编译成原生机器码，使 Python 的运行速度更快；

- 函数编译可设置使用底层整数代替 Python 内建对象，有些代码的运行效率接近 C 语言，可以被 Python 直接调用，适合时间紧迫、运算复杂度高的应用；

- 通过内联汇编功能，应用可以完全接入底层运行；

- 基于简单和快速标记的内存垃圾回收算法，许多函数可以避免使用栈内存段。

目前，MicroPython 的功能最全面、版本迭代最快、社区最活跃、支持的硬件平台最多。本书将讲述采用 MicroPython 基于 STM32 平台进行物联网终端设备的开发。

1.5.2 Python 与网关

此处提到的网关是指负责组建局域网、连接众多终端设备和后台的枢纽。当然，不是所有的物联网应用场景都需要网关。在一些复杂的场景中，网关必不可少，是一个管理中心。在某些时候，终端设备并不需要与云平台交互，网关就只承担局域网服务器的功能。Python 已经在嵌入式网关上使用多年，如开源树莓派支持的主流编程语言便是 Python。运行 Linux 嵌入式网关设备可用的编程语言很多：C 语言擅长编写驱动、操作 IO、硬件的代码，编写应用代码时非常吃力，尤其是编写复杂应用的代码；Python 的网络通信库、数据库、字符解析能力的强大及自身的内存管理、垃圾回收机制，可使开发者能够将更多的精力投入到业务层面，快速开发产品，不会像 C 语言那样频繁地因为内存和指针问题而影响开发的进度和程序运行的稳定性。

网关的硬件资源丰富、性能强悍，很容易移植 Python 的运行环境，之后的开发代码与其他平台编写 Python 代码并无太大差异，可以使用 Python 丰富的应用库快速开发产品。相比传统嵌入式 C 语言应用程序的开发，使用 Python 编写网关程序有如下优势：

- Python 语法简单，容易掌握；

- Python 可以节省代码，内置类型、内置函数和标准库可帮助开发者解决日常问题；

- Python 拥有丰富的标准库，避免重复"造轮子"；

- Python 可提供更加丰富的内置类型，用于高层应用相关的数据结构；

- Python 内部的所有类型都是对象，包括函数、代码等，OOP 很自然；

- Python 不仅可以面对过程编程，面向对象还可以进行更高抽象度的函数式编程，甚至可以在一句话里实现算法和迭代。

1.5.3　Python 与云平台

云平台是数据存储中心，可存储、收集海量的终端设备信息，提供数据可视化、大数据运算及访问能力，是连接物体的枢纽。Python 具有多个成熟的 Web 框架，可提供快速、简单的 Web 开发支持。本书将使用 Python 的 Django Web 框架实现物联网项目后台的开发。Django 具有如下特点：

- 自助管理后台，Admin Interface 是 Django 比较吸引眼球的一项 Contrib，可几乎不用写一行代码就拥有一个完整的后台管理界面；

- 强大的 ORM 功能，一般来说可以不使用 SQL 语句，每条记录都是一个对象，取对象的关联易如反掌；

- URL Design，Django 的 URL 模块设计看似复杂，实际上都是很简单的正则表达式，很细致，在地址的表达上可以随心所欲，那些优美的、简洁的、专业的地址都能表现出来；

- App 理念很灵活，可将复杂的后台功能分成具体的模块，逻辑清晰，可插拔，不需要时可以直接删除，对系统影响不大；

- 强大的错误提示功能可准确定位程序的出错地点，能够快速解决错误，提升开发效率。

1.5.4　物联网 Python 全栈开发

当提及全栈一词时总是小心翼翼的，行业内对全栈一词褒贬不一，笔者不愿意陷入语言优劣及全栈开发好坏的争论之中，只是多提供一种选择，不同的场景可选择不同的开发技术，开发技术的选择与实施同样是技术能力的一种表现。

各大企业对物联网基础设施的大力投入使物联网的发展非常迅猛，一线开发者需要推陈出新，寻找更加快速、高效的开发技术。使用 Python 编程语言完成物联网项目大部分的开发工作是值得尝试的。面对下一个科技浪潮，结合更高效的开发语言，选择能够快速推出产品的开发技术非常重要。

物联网从孵化以来，经过多年的成长，羽翼更加丰满，Python 是一双强有力的翅膀，能够让物联网快速腾飞，翱翔天际。它们的结合，必将是一场美丽的相遇。

第2章 开启 Python 之旅

大致了解了物联网和 Python 编程语言的特点之后，本章将从搭建 Python 开发环境开始一步一步地编写 Python 代码，通过实际代码介绍 Python 的基本语法和规则。这些代码仅仅用来阐述 Python 编程语言的特点，与运行平台、业务领域无关。通过本章的学习，读者可以快速掌握 Python，由浅入深，逐渐学会编写复杂 Python 程序的能力。

2.1 Python 版本的选择

众所周知，Python 有两个大的版本：Python2 和 Python3。为什么会有两个大的版本 Python？这两个大的版本 Python 有何差异？初学者应当如何选择？

Python 最早被公开提出是在 1991 年，早期的 Python 存在一些不足。为了解决这些不足，Python3 于 2008 年应运而生。由于 Python3 无法完全向后兼容，并且Python2 自面世以来已经累积了大量的用户，因此长期以来，就出现了 Python2 和 Python3 两个版本独立发展的情况。如今，越来越多原本只支持 Python2 的类库也开始支持 Python3，并且官方指出，在 2020 年 1 月 1 日后不再支持 Python2。可见，Python3 才是未来的主流。

有关 Python2 和 Python3 的具体区别，读者可以查询官方文档。从笔者的使用经验来讲，两者语法规则的区别微乎其微，Python3 相比 Python2 在两个方面有巨大优势：

- Python3 在字符编码方面支持 Unicode，可避免 Python2 在字符编码方面产生很多头疼的问题；

- Python3 引入的协程对于 Python 多线程的缺点进行了弥补。

本书是一本实战书籍，仅使用少量章节讲解 Python 编程语言的基础和特性，大部分的章节全部围绕项目实战展开。在项目实战中，终端设备采用 MicroPython 开发，MicroPython 是基于 Python3 开发的；网关和服务器通信部分使用 hbmqtt 类库，该类库也是基于 Python3 开发的。因此，本书的所有开发、运行环境均基于 Python3。

2.2 搭建开发环境

本书涉及的部件很多，都有自己独有的开发和运行环境，包括 STM32 开发板的 Python

环境、树莓派 Python 环境、Linux 服务器 Python 环境等。由于开发板、服务器并不是每个读者都容易获取的资源，因此搭建 Python 环境最直接的方式是在个人计算机上安装 Linux 环境。

Python 是跨平台的编程语言，能够在 Windows、Mac、Linux 等多个平台上运行。此处的环境指的不仅是 Python 开发环境，也是 Python 运行环境。需要注意的是，本书内容涉及的范围很广，在后续的章节中还需要使用 Linux 环境进行网关嵌入式环境的搭建、嵌入式交叉编译等知识的讲解，以及 Linux 环境模拟后台服务器的开发和测试。本书通过在个人计算机上安装 VMware 运行 Ubuntu（Linux 的发行版）的方式搭建 Linux Python 环境，为了环境的一致性和便利性，建议读者安装同样的 Python 开发环境。

2.2.1　安装 VMware

VMware（Virtual Machine ware）使得在 Windows 平台上运行 Linux 系统成为现实。与安装双系统的方式相比，VMware 采用完全不同的概念。双系统在同一个时刻只能运行一个系统，在系统切换时，需要重新启动计算机。VMware 可实现真正的"同时"运行，多个操作系统在 Windows 平台上，就像标准的应用程序那样可任意切换。每个操作系统都可以进行虚拟分区、配置而不影响真实的硬盘数据，非常适合学习和测试。

进入 VMware 官网下载 VMware Workstation11，按照提示信息一步一步地完成安装即可。初次启动 VMware 的界面如图 2.1 所示。

图 2.1　初次启动 VMware 的界面

2.2.2　在 VMware 上安装 Ubuntu

进入 Ubuntu 官网下载桌面版 Ubuntu，版本为 Ubuntu15.04。

在 VMware 的初始界面上单击"创建新的虚拟机"开始进行 Ubuntu 的安装，在弹出的界面上默认选择"典型"后，单击"下一步"进入操作系统映像选择界面。

在如图 2.2 所示的界面上选择之前下载的后缀为 iso 的 ubuntu 映像文件：ubuntu-15.04-desktop-i386.iso 后，单击"下一步"，在出现的新界面上完成用户名和密码的设置，继续按安装向导完成剩余步骤的设置和安装。Ubuntu 安装成功之后，输入设置好的用户名和密码登录系统，此时，通过 Ctrl+Alt+T 组合键即可打开命令行终端。至此，读者已成功打开了 Linux 世界的大门！

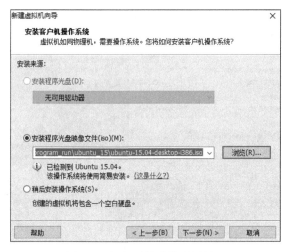

图 2.2　操作系统映像选择界面

此时估计读者已迫不及待地想要开始编写代码了，不要着急，工欲善其事，必先利其器，接下来还需要对开发环境进行一些必要的配置。这些配置能够让读者在开发过程中如虎添翼。

2.2.3　安装 VMware Tools 工具

VMware Tools 是 VMware Workstation 自带的一款工具。它的作用就是可以将文件由主机直接拖到虚拟机。如果不安装，则无法实现虚拟机和主机之间的文件传输，操作虚拟机时，在主机和虚拟机之间必须使用 Ctrl 键切换；如果安装了，就不需要使用 Ctrl 键切换，直接退出即可，使虚拟机真正成为计算机的一部分。

在 VMware Workstation 的"虚拟机（M）"选项列表中单击"安装 VMware Tools（T）"进行安装。需要注意的是，虚拟机必须处于运行状态才能安装，否则安装选项是灰色的，无法被选中，如图 2.3 所示。

图 2.3　"安装 VMware Tools（T）"选项界面

在安装完成之后，再次查看，选项应当变为"重新安装 VMware Tools（T）"，表示 VM-ware Tools 已经安装成功，如图 2.4 所示。

图 2.4　VMware Tools 安装成功界面

2.2.4　虚拟机的网络配置

本书在后续服务器开发的章节中会使用 Ubuntu 模拟真实服务器进行物联网服务器程序的开发和测试，并将开发完成且测试通过的代码部署在真实服务器上。此外，由于在 Python 的程序开发过程中会频繁地从互联网上下载第三方类库，因此需要对虚拟机的网络进行适当的配置，以满足对开发环境的要求。虚拟机的网络配置需要实现两个功能：

- 能够使树莓派、个人计算机、虚拟机三者互相通信；
- 虚拟机能够访问外网。

 桥接模式和 NAT 模式的区别

虚拟机的网络配置比较常用的两种网络模式分别是桥接模式和 NAT 模式。

桥接模式：桥接模式的网络相当于虚拟机的网卡和主机的物理网卡均连接到由虚拟机软件提供的 VMnet0 虚拟交换机上，虚拟机和主机是平等的，相当于在一个网络中的两台计算机，当设置虚拟机的 IP 与主机在同一网段时，即可实现主机与虚拟机之间的通信。在这种模式下，VMware 虚拟出来的操作系统就像局域网中的一台独立主机，可以访问局域网中的任何一台计算机。假设树莓派、主机、虚拟机连接在同一个 IP 地址（192.168.0.1）的路由器下，它们三者的 IP 处于同一网段，则彼此之间能够互相通信。桥接模式下的网络拓扑如图 2.5 所示。

NAT 模式：虚拟系统借助 NAT（网络地址转换）功能，通过主机所在的网络访问公网，也就是说，使用 NAT 模式可以实现在虚拟系统里访问互联网，简单地讲，就是主机构建一

个局域网，在局域网中只有一台计算机，也就是虚拟机。NAT 模式下的网络拓扑如图 2.6
所示。

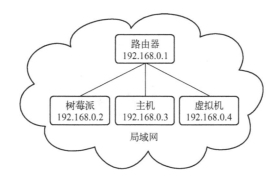

图 2.5 桥接模式下的网络拓扑

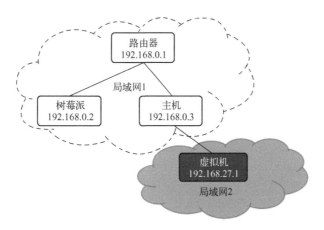

图 2.6 NAT 模式下的网络拓扑

图 2.6 中，局域网 1 中有树莓派和主机两台计算机，由主机构建一个局域网 2，只有
虚拟机一台计算机；局域网 1 中的其他计算机，如树莓派是无法访问虚拟机的，虚拟机
可以与主机进行通信，采用 NAT 模式的最大优势是虚拟机接入互联网非常简单，只需要主
机能够访问互联网，不需要进行 IP 地址、子网掩码、网关等一系列配置即可实现虚拟机
上网。

本书在项目实战的开发过程中会使用虚拟机运行服务器程序，树莓派扮演嵌入式网关的
角色，使用主机的浏览器访问服务器提供的 Web 界面，项目的运行建立在三者能够互相通
信的基础之上，显然需要采用桥接模式配置虚拟机的网络。

 配置虚拟机的网络为桥接模式

在 VMware Workstation 的"编辑（E）"选项中选择"虚拟网络编辑器（N）"选项，如
图 2.7 所示。

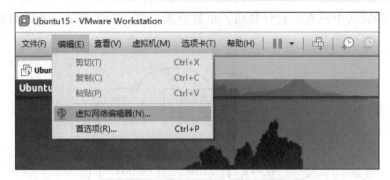

图 2.7 　"虚拟网络编辑器（N）"选项界面

在弹出的窗口中单击右下角的"更改设置"后，在新窗口中选中虚拟网卡 VMnet0，在
"VMnet 信息"栏中将其设置为"桥接模式"，"桥接到"的意思是选择主机网卡，此处选择
"自动"即可，如图 2.8 所示。

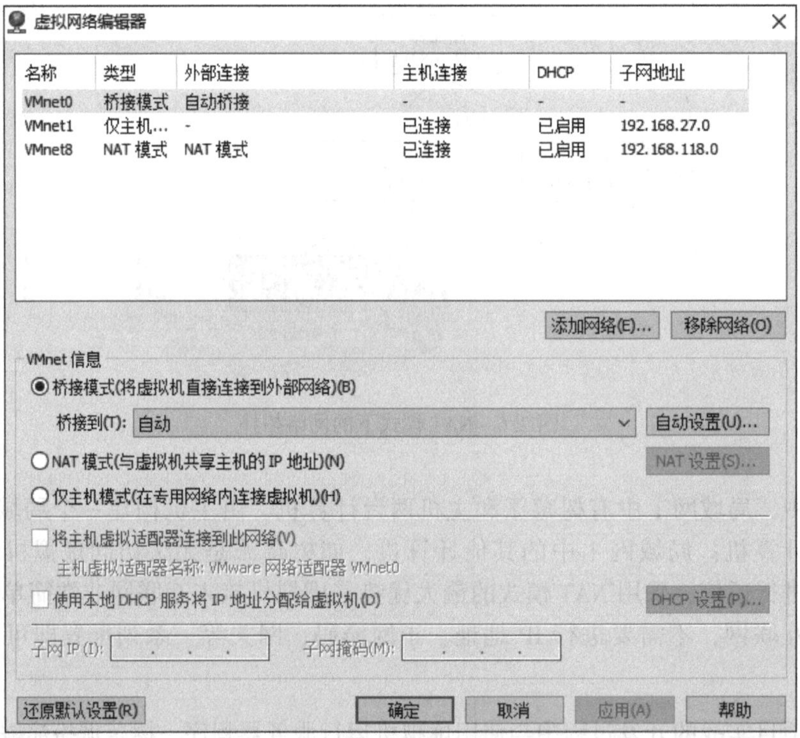

图 2.8 　VMnet0 桥接模式设置

由于虚拟机会被当作服务器，因此需要将 IP 地址配置为静态 IP，方便开发和测试，进
入虚拟机，执行命令 vi/etc/network/interfaces，编译如下内容：

```
auto lo
iface lo inct loopback
auto eth0
iface eth0 inet static
```

```
address 192. 168. 0. 4
netmask 255. 255. 255. 0
gateway 192. 168. 0. 1
```

执行命令/etc/init. d/networking restart 重启网络，使用 ifconfig 命令查看网络是否配置成功，同时使用 ping 命令或浏览器验证是否可以访问外网。

2.2.5 Samba 共享设置

有了 VMware Tools 之后，即可在主机和虚拟机之间进行文件的复制和拷贝，当文件数量非常大时，由于拷贝的工作量巨大无比，因此需要使用一种主机和虚拟机之间文件的共享方式，虽然可以使用共享文件夹的方式实现，但是有一个隐患，就是主机（假设是 Windows 系统）和虚拟机（Linux 系统）之间的文件系统是不兼容的，经常会出现一些问题。笔者不推荐这种方式，而是采用 Samba 服务来实现主机和虚拟机之间的文件共享。

（1）下载并安装 Samba。

在 Ubuntu 中安装 Samba 非常方便，执行一条命令即可，即

```
# sudo apt-get install samba
```

（2）在 Ubuntu 中创建共享目录。

例如，在根目录中创建名为 share_folder 的共享目录，即

```
# mkdir /share_folder
```

此外，需要更改该目录的权限，给予最大执行权限，即

```
# chmod 777 /share_folder
```

（3）修改 Samba 的配置文件。

打开 Samba 的配置文件/etc/samba/smb. conf，在其末尾添加

```
[share]
    path = /share_folder
    public = yes
    writable = yes
    browseable = yes
    available = yes
    create mask = 0777
    directory mask = 0777
```

（4）重启 Samba 服务。

```
# sudo /etc/init. d/samba restart
```

（5）在主机中添加虚拟机 Samba 共享目录的磁盘映射。

（6）例如，在 Win10 系统中，在主机"计算机"地址栏中输入\\192.168.0.4（虚拟机 IP 地址）后，即可看到名为 Share 的虚拟机共享文件夹，右键单击 Share 文件夹选择"映射网络驱动器"选项，在弹出的界面上选择想要设置的盘符（如设置为 Z 盘），即可将虚拟机中的 share_folder 文件夹映射为主机中的网络磁盘。

（7）主机的 Z 盘和虚拟机的 share_folder 目录等价，如果需要拷贝数量庞大的文件，则放在此目录下即可实现主机和虚拟机的文件共享，且不会出现文件系统或格式异常，非常方便。

2.2.6 修改 Python 版本

在 Ubuntu 虚拟机中，按下组合键 Ctrl+Alt+T 打开 Linux 命令行终端，输入命令 python -V，查看当前运行的 Python 版本。

```
# python -V
Python 2.7.9
```

Ubuntu 系统默认的 Python 版本为 2.7.9，本书采用的是 Python3，需要进行修改。

进入 python 命令所在的目录/usr/bin，即

```
# cd /usr/bin
```

通过 ls -l python * 命令可以列出当前系统安装好的所有 Python 版本，且可以看到 Python 调用的是 Python2，需要将其修改为 Python3。

首先删除 Python 命令，即

```
# sudo rm python
```

然后将 Python 指向 Python3，建立它们之间的软链接，即

```
# ln -s python3 python
```

再次执行 python -V 查看版本结果，即

```
# python -V
Python 3.5.1
```

至此，整个开发和运行环境已配置妥当。再次重申一下，如果仅仅想要学习 Python 的语法，那么环境的安装和配置过程非常简单。由于本书不仅仅是讲解 Python 语法，还包括嵌入式 Linux 开发、服务器后台程序开发，因此环境安装和配置过程略显繁琐，希望读者能够静下心来一步一步地跟随笔者完成相关的配置。磨刀不误砍柴工！

2.3　开始编写 Python 程序

千呼万唤始出来，现在终于可以开始正式编写第一行 Python 代码了，非常简单，以打印 "Python IoT" 为例。

2.3.1　交互式解释器

在 Linux 系统的命令行中执行 python 指令即可打开 Python 交互式解释器，输入 print('Python IoT')后回车，立即就能得到运行结果，即

```
root@ ubuntu:/# python
Python 3.5.1 (default, Mar 26 2015, 22:07:01)
[GCC 4.9.2] on linux
Type "help", "copyright", "credits" or "license" for more information.
>>> print('Python IoT')
Python IoT
>>>
```

Python 交互式解释器类似于 Linux 命令行终端，直接输入 Python 代码，会立即给出运行结果，非常方便调试和原型开发。

2.3.2　源代码执行

另一种方式是将 Python 源代码保存为以 .py 结尾的文件，通过命令执行。例如，创建一个名为 first_python.py 的源代码文件，即

```
#!/usr/bin/env python
print('Python IoT')
```

给源代码文件 first_python.py 添加执行权限，即

```
# chmod u+x first_python.py
```

运行源代码，即

```
./first_python.py
Python IoT
```

需要注意的是，在源代码文件的第一行没有使用#!/usr/bin/python 的绝对路径去调用 Python 解释器，而是使用#!/usr/bin/env python，表示在环境变量路径中寻找 Python 命令。

2.3.3　注释

Python 使用 # 进行单行注释，即

```
>>> x = 9
>>> #x = 10
...  print(x)
9
```

可见，通过#的注释，使得 x = 10 这行代码没有生效。

Python 使用三引号'''被注释内容'''进行多行、批量代码注释，即

```
>>> x = 9
>>> '''x = 10
...  x = 11'''
'x = 10\nx = 11'
>>> print(x)
9
```

可以看出，x = 10 和 x = 11 两行被'''''''注释掉的代码没有生效，因此 x 的值为 9。

Python 的中文注释方法是在源代码的首页添加#coding = utf-8 或#coding = gbk。

2.3.4　缩进

Python 的代码块通过缩进对齐表达代码逻辑，不使用大括号，因为没有额外的字符，程序行数更少，更加简洁，可读性更高，如

```
#indent. py
#!/usr/bin/env python
var = 1
if var == 1：
  print('var is 1')
else：
  print('var is not 1')
```

虽然 Tab 键和空格键都可以实现缩进，且空格个数没有限制，但是笔者建议最好不要使用 Tab 键进行缩进，也不要使用 4 个空格，应使用两个空格的方式。

2.3.5　分隔

Python 一般使用换行的方式实现分隔，不使用分号，每一行就是一个语句，对于过长的语句，可以使用反斜杠（\）将其分解为多行。

缩进数量相同的一组语句可构成一个代码块，像 if、while、def 和 class 这样的复合语句，首行以关键字开始，以冒号（：）结束，该行之后的一行或多行代码构成代码组。

2.3.6　输入和输出

Python3 使用 print( )输出内容，在前面讲述的内容中已经成功输出了"Python IoT"字

符串到屏幕，通过内建函数 input() 可以很方便地获取用户的输入，并将其保存在变量中，可在 Python 解释器中体验一下，即

```
>>> input_content = input ('Enter your name: ')
Enter your name: IoT
>>> print(input_content)
IoT
>>>
```

2.4　变量和数据类型

变量是用来存储数据的占位符。在创建变量时，计算机会在内存中为变量分配一个空间。变量可以是数字、文本、列表等。Python 变量是以字母开头的标识符，即大写字母、小写字母及下画线（_），不能用数字开头。需要注意的是，Python 变量名是区分大小写的，也就是说，name 和 NAME 是两个完全不同的变量。

2.4.1　变量赋值

Python 是动态语言，不需要预先声明变量的类型。变量的类型在赋值时被初始化。Python 使用等号（=）为变量赋值，可以把任意数据类型赋值给变量，无论整数、字符串还是浮点数，同一个变量可以被反复赋值，如

```
#!/usr/bin/env python
a = 1
b = 3.88
c = 'hello'
print(a)
print(b)
print(c)
a = 'change'
print(a)
```

输出结果为

```
1
3.88
hello
Change
```

当计算机执行 c = 'hello' 时，在内存中发生了什么呢？实际上，Python 解释器实现了两件事：

● 在内存中创建一个名为 hello 的字符串；

● 在内存中创建一个名为 c 的变量，并且指向 hello。

2.4.2　常量

所谓常量，就是不变化的量。因为种种原因，Python 并未提供如 C/C++/Java 一样的 const 修饰符，也就是 Python 中没有常量。Python 的常量一般采用将变量名全大写的形式表示，虽然是约定俗成的，但终究不是长久之计。

2.4.3　数据类型

计算机内存中存储的数据有多种类型，如使用字符串存储一个人的名字、使用数字存储他的体重等。除了字符串和数字等常规数据类型，Python 作为一门高级编程语言，还有自身独有的数据类型，如字典等。

Python3 有 6 个标准的数据类型：

- Number（数字）；
- String（字符串）；
- List（列表）；
- Tuple（元组）；
- Sets（集合）；
- Dictionary（字典）。

 数字

数字在 Python 程序中的表示方法与数学上的写法几乎一样。Python3 有 4 种类型的数字：

- int（长整型）；
- float（浮点数）；
- bool（布尔值）；
- complex（复数）。

浮点数也就是小数。用十六进制表示整数，使用 0x 前缀和 0~9、a~f 表示，如 0x013d。布尔值只有 True 和 False 两种。

数值运算为

```
>>>1 + 2        #加法
3
>>> 3.3 - 2.2   #减法
1.1
>>> 2 * 3       #乘法
6
```

```
>>> 1 / 2                 #除法,得到一个浮点数
0.5
>>> 1 // 2                #除法,得到一个整数
0
>>> 10 % 3                #取余
1
>>> 2 ** 3                #乘方
8
```

需要注意的是，除法运算（/）的返回值为浮点数，要想得到整数，则使用 // 操作符。在进行整数和浮点数的混合运算时，Python 会把整数转换成浮点数。Python3 的复数由实数部分和虚数部分构成，可以用 a + jb 或 complex(a,b) 表示，复数的实部 a 和虚部 b 都是浮点数。

 字符串

字符串是用单引号（'）或双引号（"）括起来的任意文本，如'abc'表示字符串 abc。如果单引号（'）本身也是一个字符，就用双引号（""）括起来。如果字符串内部既包含单引号（'）又包含双引号（"），则可以用反斜杠（\）转义。如果不想使用反斜杠转义，则可以在字符串前面添加一个 r，表示原始字符串。

字符串的索引值从 0 开始，−1 表示字符串末尾的位置，加号（+）是字符串的连接符，星号（*）用来复制字符串。需要注意的是，Python 的字符串不允许被更改。

例如，编写如下源代码，即

```
#!/usr/bin/env python
str = 'Python IoT'          #定义字符串
print (str)                 #打印字符串
print (str[0])              #打印字符串 str 中的第一个字符
print (str[-1])             #打印字符串 str 中的最后一个字符
print (str[3:5])            #打印 str 中第 4 到第 6 个字符
print (str * 3)             #将字符串 str 打印 3 次
print (str + "hello")       #在 str 末尾连接字符串"hello"
print('abc')
print("'abc'")
print('I\'m Python')        #使用转义字符
str[1]='x'                  #修改字符串,会报错
```

运行结果为

```
Python IoT
P
T
hon
```

```
Python IoTPython IoTPython IoT
Python IoThello
abc
'abc'
I'm Python
Traceback (most recent call last):
  File "./str.py", line 12, in <module>
    str[1] = 'x'
TypeError: 'str' object does not support item assignment
```

 列表

Python 列表是任意对象的有序集合，可通过索引访问指定元素，第一个元素的索引为 0，依次递增，−1 表示最后一个元素。列表是 Python 常用的数据类型。列表中的元素类型可以不同，同一个列表中可以包含数字、字符串等多种数据类型。

列表使用方括号（[]）表示，使用逗号分隔各元素。与字符串一样，列表可以被索引和截取，加号（+）是列表的连接符，星号（*）表示重复操作。与字符串不同的是，列表的元素可以被更改。

编写测试代码为

```
#!/usr/bin/env python
list1 = ['Python', 123, 22.5]          #定义列表 list1
list2 = [55, 'IoT']                    #定义列表 list2
print(list1)                           #打印列表 list1
print(list1[0])                        #打印列表 list1 中的第一个元素
print(list1[-1])                       #打印列表 list1 中的最后一个元素
print(list1[1:])                       #打印列表 list1 中从第 2 个元素开始的所有元素
print(list2 * 2)                       #将列表 list2 打印两次
print(list1 + list2)                   #拼接列表 list1 和 list2 并打印
list2[1] = 'new'                       #将列表 list2 中的第 2 个元素修改为'new'
print(list2)                           #打印列表 list2
```

运行结果为

```
['Python', 123, 22.5]
Python
22.5
[123, 22.5]
[55, 'IoT', 55, 'IoT']
['Python', 123, 22.5, 55, 'IoT']
[55, 'new']
```

元组

元组使用小括号（()）表示，各元素使用逗号分隔，与列表类似，能够进行索引和截取。区别在于，元组中的元素不允许更改。定义一个空元组的方法为

```
tup = ()
```

定义只包含 1 个元素的元组时，需要在元素后添加逗号：

错误写法：tup = (12)。

正确写法：tup = (12,)。

编写如下代码熟悉元组的使用方法，即

```
#!/usr/bin/env python
tup1 = ('Python', 123, 22.5)          #定义元组 tup1
tup2 = (55, 'IoT')                    #定义元组 tup2
print(tup1)                           #打印元组 tup1
print(tup1[0])                        #打印元组 tup1 中的第一个元素
print(tup1[-1])                       #打印元组 tup1 中的最后一个元素
print(tup1[1:])                       #打印元组 tup1 中从第 2 个元素开始的所有元素
print(tup2 * 2)                       #将元组 tup2 打印两次
print(tup1 + tup2)                    #拼接元组 tup1 和 tup2 并打印
tup2[1] = 'new'                       #将元组 tup2 中的第 2 个元素修改为'new'，非法操作！
```

运行结果为

```
('Python', 123, 22.5)
Python
22.5
(123, 22.5)
(55, 'IoT', 55, 'IoT')
('Python', 123, 22.5, 55, 'IoT')
Traceback (most recent call last):
  File "./tup.py", line 10, in <module>
    tup2[1] = 'new'                   #将列表 tup2 的第 2 个元素修改为'new'，非法操作！
TypeError: 'tuple' object does not support item assignment
```

 集合

Python 的集合与其他语言类似，是一个无序不重复元素集，基本功能包括关系测试和消除重复元素。与列表、元组的不同在于，集合中的元素是无序的，无法通过数字编号进行索引，且不能重复。

集合的创建方法是使用大括号（{}）或 set( )函数。需要注意的是，在创建一个空的集合时，必须使用 set( )函数而不能使用大括号（{}），因为大括号（{}）表示创建一个空的字典。

编写测试代码为

```
#!/usr/bin/env python
test = {'one', 'two', 'one', 'three'}
test1 = set('abcdefg')
test2 = set('abcd')
print(test)                    #打印集合 test,集合中的重复元素将被去掉
if('one' in test) :            #测试元素 one 是否在集合 test 中
  print('one is in test')
else :
  print('one is not in test')
print(test1 - test2)           #test1 和 test2 的差集
print(test1 | test2)           #test1 和 test2 的并集
print(test1 & test2)           #test1 和 test2 的交集
print(test1 ^ test2)           #test1 和 test2 中不同时存在的元素
```

运行结果为

```
{'two', 'three', 'one'}
one is in test
{'e', 'g', 'f'}
{'a', 'c', 'd', 'e', 'b', 'f', 'g'}
{'d', 'a', 'b', 'c'}
{'e', 'g', 'f'}
```

字典

列表是有序对象的结合。字典是无序对象的集合。列表中的元素通过索引存取。字典中的元素通过键（key）来存取。字典是由一对一对的键（key）：值（value）组成的无序集合，是一种映射类型，使用{}表示。其中，键必须是不可变类型，可以使用数字、字符串或元组充当，不能用列表，且在同一个字典中，键必须是唯一的。字典中的元素也是可以更改的。

编写字典测试代码为

```
#!/usr/bin/env python
dict = {}                           #使用{}定义空字典
dict1 = {'name': 'messi','weight':60, 'age': '30}
print (dict1['name'])               #打印键为'name' 对应的值
print (dict1.keys())                #打印字典 dict1 中的所有键
print (dict1.values())              #打印字典 dict1 中的所有值
dict1['weight'] = 65                #修改字典 dict1 中键 weight 对应的值
print(dict1['weight'])              #打印字典 dict1 中键 weight 对应的值
```

运行结果为

```
messi
dict_keys(['name', 'weight', 'age'])
dict_values(['messi', 60, '30'])
65
```

2.5 条件和循环

计算机之所以能够自动完成任务，是因为它能够进行判断，根据不同的条件做出不同的响应，除此之外，还能通过循环操作反复多次执行某些程序。这些功能的实现取决于编程语言的条件判断和循环语句。

2.5.1 if 语句

在 Python 中，if 语句的关键字为 if elif else，在每个条件的后面均使用冒号（:）表示接下来满足条件且要执行语句块，使用缩进划分语句块。if 语句可以嵌套。需要说明的是，Python 中没有 switch case 语句。

编写测试程序为

```
#!/usr/bin/env python
number = int(input('Please input your number:'))
if number == 1:
    print('This is if')
elif number == 2:
    print('This is elif')
else:
    print('This is else')
```

执行 3 次，分别输入 1、2、3，可以看到，程序根据输入的不同，输出也不同，即

```
# ./if.py
Please input your number:1
This is if
# ./if.py
Please input your number:2
This is elif
# ./if.py
Please input your number:3
This is else
```

在 Pyhton 中，if 语句常用的操作运算符有

运　算　符	含　　义
＝＝	等于，两个对象相等
！＝	不等于
＞	大于
＞＝	大于或等于
＜	小于
＜＝	小于或等于

在 Python 中，if 语句可以嵌套 if 语句，编写测试程序 if.py，分别输入 1、2、3、4 中的一个数字，通过程序可以判断识别输入的数字，即

```python
#!/usr/bin/env python
var = int( input( 'Please input a number from 1 to 4:') )
if var > 2:
    if var > 3:
        print('input number is 4')
    else:
        print('input number is 3')
elif var < 2:
    print('input number is 1')
else:
    print('input number is 2')
```

运行结果为

```
# ./if.py
Please input a number from 1 to 4:1
input number is 1
# ./if.py
Please input a number from 1 to 4:2
input number is 2
# ./if.py
Please input a number from 1 to 4:3
input number is 3
# ./if.py
Please input a number from 1 to 4:4
input number is 4
```

2.5.2　while 循环

在 Python 中，while 循环的基本语法为

```python
while var:
    execute_cmd( )
```

只要 var 变量为真，则 execute_cmd( )将一直执行下去，即

```python
#!/usr/bin/env python
counter = 0
while counter < 4：
    counter += 1
    print('in while')
print('out while')
```

当 counter 小于 4 时，会一直处于 while 循环中。当不满足小于 4 的条件时，则退出 while 循环。运行结果为

```
in while
in while
in while
in while
out while
```

　无限循环

在后续的单片机编程中，无限循环非常常见，在 Python 中常用 while True：表示无限循环，使用组合键 Ctrl+C 可退出无限循环的程序。

　while 循环使用 else 语句

当 while 不满足判断条件时，执行 else 语句，即

```python
#!/usr/bin/env python
counter = 2
while counter < 3：
    counter += 1
    print('in while')
else：
    print('in else')
```

执行后，将分别打印'in while'和'in else'，运行结果为

```
in while
in else
```

2.5.3　for... in 循环

在 Python 中，for... in 循环的基本语法为

```
for <变量> in <序列>:
    <语句块>
else:
    <语句块>
```

使用 for...in 循环能够非常方便地遍历一个序列，即

```
#!/usr/bin/env python
players = ['Messi','Xavi','Iniesta']
for name in players:
    print(name)
```

执行后，会依次打印 players 中的每个元素，运行结果为

```
Messi
Xavi
Iniesta
```

利用 for...in 循环可以轻松计算 1~10 的所有整数之和，即

```
#!/usr/bin/env python
sum = 0
var = [1,2,3,4,5,6,7,8,9,10]
for num in var:
    sum = sum + num
print(sum)
```

执行后，得到的结果为 55。

基于上面的程序进行扩展，如果想要计算 1~50 的所有整数之和，那么意味着 var 需要定义 1~50 的 50 个数字，非常烦琐。Python 提供的 range() 函数正好能够避免这样的麻烦。

 range() 函数

使用 var = range(1,11) 替换程序中的语句 var = [1,2,3,4,5,6,7,8,9,10]。range(1, 11) 表示从 1~11 的所有整数，且不包括 11。range(1,11,2) 表示从 1~11 间隔为 2 的数字，且不包括 11。range(11) 表示 0~11 之前的所有整数，且不包括 11。

2.5.4 跳出循环

for 和 while 循环可以使用 break 语句让程序跳出循环。简单地说，break 语句会使循环跳出，在其后面的循环代码不会被执行，如

```
#!/usr/bin/env python
num = 1
```

```
for char in 'one':
    if 'n' == char:
        break
    print(char)
while num > 0:
    print(num)
    num += 1
    if 2 == num:
        break
print ('exit')
```

执行后，可以看到 for 循环并没有将字符串迭代完，因为中途满足条件通过 break 语句跳出了循环，while 循环也一样，运行结果为

```
o
1
exit
```

此外，在 Python 中，continue 语句可以使程序跳过当前循环中的剩余语句后，继续进行下一轮循环，如

```
#!/usr/bin/env python
for n in range(1,6):
    if 3 == n:
        continue
        print(n)
    else:
        print(n)
        n += 1
```

运行结果为

```
1
2
4
5
```

可见，当程序迭代到数字 3 时，虽并未打印，但循环继续进行。

continue 语句与 break 语句的区别在于使程序跳出本次循环，break 语句是使程序跳出整个循环。

2.5.5 pass 语句

在 Python 中，pass 语句是空语句。它的存在是为了保持程序结构的完整性。pass 语句不做任何事情，一般用作占位语句。

当编写程序时，若执行语句部分还没有想好，就可以使用 pass 语句占位，也可以使用 pass 语句作为标记，表示此处之后需要继续添加代码。比如，在嵌入式程序的 while 循环中，使用 pass 语句使程序不报错，先去实现其他部分的代码，即

```
while True：
    pass
```

2.6　函数

函数是组织好的、可重复使用的、用来实现特定功能的代码段。函数可使程序模块化，提升代码的重复利用率。函数是 Python 程序的重要组成部分。

2.6.1　定义函数

使用 def 语句定义函数，格式为

```
def 函数名(参数)：
    函数体
```

定义一个函数首先使用 def 关键字开头，然后依次写出函数名、括号、括号中的参数和冒号，接下来在缩进块中编写函数体，函数的返回值使用 return 语句。如果没有 return 语句，则函数默认返回 None。函数体内部的语句在执行时，一旦执行到 return，函数体就执行完毕并将结果返回。

编写一个名为 printName 的函数，将一个字符串作为参数传入函数，并将该字符串打印出来，使用 return 返回，即

```
def printName( name)：
    print( name)
    return
```

2.6.2　函数调用

知道函数名和参数后，就可以很方便地调用函数了，可以继续编写程序调用已定义的 printName 函数，即

```
#!/usr/bin/env python
def printName(name)：
    print( name)
    return


str = input('Please input your name：')
printName( str)
```

程序首先获取用户输入，然后调用 printName 函数，并将用户输入的字符作为参数传入 printName 函数，运行结果为

```
Please input a number:IoT
IoT
```

2.6.3 函数参数

确定了函数参数的名称和位置之后，函数接口也就定义成功了。函数的调用者只需要关心传入正确的参数及函数的返回值，函数内部的复杂逻辑已被封装起来了，不需要了解。

Python 的函数定义非常简单，非常灵活，除了正常定义的必需参数，还可以使用默认参数、可变参数及关键字参数。丰富的参数类型使函数接口不但能处理复杂的参数，还可以简化调用者的代码。

 必需参数

调用函数时，传入的参数数量和类型需要与函数的定义一致，否则会报语法错误，如调用 printName 函数时，不传入参数会提示 TypeError，即

```
#!/usr/bin/env python
def printName(name):
    print(name)
    return
printName()
```

运行结果为

```
Traceback (most recent call last):
    File "./par1.py", line 6, in <module>
        printName()
TypeError: printName() missing 1 required positional argument: name
```

TypeError 提示 printName() 函数的调用需要传入 name 参数。

 默认参数

修改 printName 函数，为其添加'性别'参数，可以将其默认设置为'男性'，当用户为男性时，就仅需要传入 name，不需要每一次调用都输入'性别'，即

```
#!/usr/bin/env python
def printName(name,gender='male'):
    print(name,gender)
```

```
    return
printName('messi')
printName('lucy','female')
```

运行结果为

```
messi male
lucy female
```

当 messi 为男性时，调用 printName( ) 函数并未传入性别参数，gender 参数就是 Python 函数中的默认参数。

从上述例子可以看出，默认参数可以简化函数的调用。设置默认参数时需要注意，必须参数在前，默认参数在后，否则 Python 的解释器会报错；当函数有多个参数时，变化大的参数放在前面，变化小的参数放在后面，变化小的参数可作为默认参数。当函数的参数数量越多、默认参数数量越多时，默认参数的方式就更能简化调用的复杂度。

 可变参数

构建一个函数，可实现所有指定数字的累加，即

```
#!/usr/bin/env python
def sum(numbers):
    sum = 0
    for number in numbers:
        sum += number
    print(sum)
```

由于参数的数量不确定，因此想要调用 sum 函数，就需要先将参数构建为一个列表或元组

```
list = [1,2,3,4,5]
```

后，再将列表作为参数调用 sum 函数，即

```
sum(list)
```

除此之外，Python 还有可变参数，在 sum 函数参数的前面加上星号（ * ），意味着将该参数变为可变参数，即

```
#!/usr/bin/env python
def sum( * numbers):
    sum = 0
    for number in numbers:
        sum += number
    print(sum)
```

有了可变参数，在调用的时候就不需要再传入列表或元组了，可以随意传入任意数量的参数，即

```
sum(1,2,3,4,5)
```

参数数量也可以为 0，即

```
sum( )
```

 ### 关键字参数

假设需要调用 printName 函数实现用户的信息管理功能，则除了 name 和性别，还想继续添加年龄信息怎么办呢？此时可以借助**关键字参数**。关键字参数是在参数名称前添加两个星号，如 ** par。

调用可变参数时允许传入 0 个或多个参数。这些可变参数在函数调用时自动组装为一个元组。关键字参数允许传入 0 个或多个含参数名的参数，在函数内部自动组装为一个字典。使用关键字参数改写 printName 函数为

```
def printName(name,gender, ** others ):
    print('name:, name, 'gender:', gender, 'others:, others)
```

调用时添加年龄信息，即

```
printName('messi', 'male', age=30)
```

执行结果为

```
name: messi gender: male others: {'age': 30}
```

关键字参数便于函数功能的扩展，可以根据需求灵活添加新的参数。

 ### 命名关键字参数

对于 printName 函数，如果不允许用户随意添加新的参数（身高、体重等），只允许添加年龄、城市，那么可以使用**命名关键字参数**来实现。命名关键字参数需要使用特殊分隔符（ * ），后面紧跟着的参数即是命名关键字参数。修改 printName 函数为

```
def printName(name,gender, * ,age,city):
    print(name,gender,age,city)
```

调用方法为

```
printName('messi','male',30,'Barcelona')
```

在 Python 中，函数参数的形态非常灵活，可以简单调用，也可以传递非常复杂的参数。默认参数只能使用不可变参数。如果是可变参数，则运行时会出现逻辑错误。Python 中的多种参数可以组合使用。需要注意的是，参数顺序必须是必需参数、默认参数、可变参数、命名关键字参数和关键字参数。

2.6.4　内置函数

Python 提供了大量定义好的函数，即内置（built-in）函数。内置函数随着 Python 解释器的运行而创建，Python 程序可以随意调用，不需要定义。Python 中有以下比较常见的内置函数。

 数学函数

数学函数	含　义	使 用 示 例	结　果
abs( )	求绝对值	abs(−3)	3
min( )	求最小值	min(1,2,3,4)	1
max( )	求最大值	max(1,2,3,4)	4
divmod( )	返回除法结果和余数	divmod(10,3)	3,1
pow( )	乘方	pow(2,3)	8

 类型转换函数

类型转换函数	含　义	使 用 示 例	结　果
int( )	转换为整数	int('123')	123
float( )	转换为浮点数	float(1)	1.0
str( )	转换为字符串	str(123)	123
hex( )	转换为十六进制数	hex(15)	0xf
list( )	转换为列表	list(123)	['1', '2', '3']

 其他常用函数

其他常用函数	含　义	使 用 示 例	结　果
print( )	打印输出	print('IoT')	IoT
cmp( )	比较两个对象	cmp(1,1)	0
type( )	类型判断	type(1)	<class 'int'>
len( )	获取长度	len('IoT')	3

2.7 变量进阶

本节将分析变量的作用域。

2.7.1 全局变量和局部变量

Python 与大部分的编程语言一样，也有全局变量和局部变量。大体上来讲，在函数内定义的变量为局部变量，在函数外声明的变量为全局变量。局部变量的生命周期在函数内。函数退出，局部变量就被销毁。全局变量在程序的整个生命周期都存在。只有程序退出时，全局变量才退出。

```python
#!/usr/bin/env python
num = 1
def modify():
    num = 2
    return num
modify()
print(num)
```

运行结果为 1，不是 2，因为 modify 函数内的 num 实际上是局部变量，无法对全局变量 num 进行更改。

2.7.2 global 关键字

由于全局变量在整个程序范围内都可被访问，因此函数内部可以使用全局变量。如果要修改全局变量，则需要借助 global 关键字。在 modify 函数内部添加 global num，意味着所使用的 num 变量是全局变量。

```python
#!/usr/bin/env python
num = 1
def modify():
    global num
    num = 2
    return num
modify()
print(num)
```

运行结果为 2，因为通过 global 的声明，modify 函数成功地将全局变量 num 修改为 2。

2.7.3 nonlocal 关键字

在 modify 函数中继续构建 modify1 函数，并通过 modify1 函数修改 modify 函数的变量。

```python
#!/usr/bin/env python
def modify():
    num = 1
```

```
        def modify1( ):
            num = 2
        modify1( )
        return num
    print( modify( ))
```

运行结果为 1，modify1 函数想要修改上一层函数中的变量，需要借助 nonlocal 关键字。

```
#!/usr/bin/env python
def modify( ):
    num = 1
    def modify1( ):
        nonlocal num
        num = 2
    modify1( )
    return num
print( modify( ))
```

运行后，得到预期的结果 2。

2.7.4　变量作用域

在 Python 中，程序的变量并不是在任何位置都可以随意访问的，访问权限决定于这个变量在哪里赋值。变量的作用域决定了哪一部分程序可以访问哪个特定的变量。变量的作用域有 4 个：

- L（Local），局部作用域；
- E（Enclosing），闭包函数外的函数作用域；
- G（Global），全局作用域；
- B（Built-in），内建作用域。

Python 按照 LEGB 的原则搜索变量，即优先级为 L>E>G>B，也就是，在局部找不到，便会去局部外的局部找（如闭包），再找不到，就去全局找，若还是找不到，则去内建中找。

```
num = int(1.5)          #内建作用域
g_num = 2               #全局作用域
def out_func( ):
    o_num = 3           #闭包函数外的函数作用域
    def in_func( ):
        l_num = 4       #局部作用域
```

2.8　模块与包

细心的读者肯定能够发现，在之前的章节中使用的所有测试代码都是写在同一个源代码文件里的。随着程序功能复杂性的增加，代码越来越多。假设一个程序有 10 万行代码，显然无法将所有的代码都写在一个源代码文件里。

为了使代码的逻辑更加清晰，更加便于维护，可以把不同功能的函数分组，分别存放在不同的源代码文件里。这样一来，每一个源代码文件中的代码量就很少，非常便于理解和维护。每一个源代码文件以后缀 .py 命名。在 Python 中，.py 文件被称为模块。

2.8.1　使用模块

使用模块的最大好处是能让程序逻辑更加清晰，便于维护，且可以反复互相被引用，减少总的代码量。使用模块还可以避免函数和变量的冲突，相同名的函数和变量可以分别在不同的模块中进行定义和使用。

 定义模块

定义一个新的模块，在模块中构建一个新的打印函数，使输出打印信息时能够加上个人标签，模块名为 module，源代码文件为 module.py，即

```python
#!/usr/bin/env python
def printInfo(input):
    print('[Python-IoT]',input)
```

 import 语句

要想使用构建的 module 模块，需要在另一个源代码文件中使用 import 语句将 module 模块导入，编写测试程序 test.py 的代码为

```python
#!/usr/bin/env python
import module
module.printInfo('test')
```

将 module.py 和 test.py 放置在同一个目录下，执行测试程序 test.py 的运行结果为

```
[Python-IoT] test
```

可以看到，module 模块提供的打印函数自动在输出内容前添加了标签[Python-IoT]。

 from import 语句

在 Python 中，from import 语句可以将模块中的指定函数导入命令空间，如在测试程序 test.py 中，使用 from module import printInfo 可以将 printInfo 函数导入，直接调用 printInfo 函数，不需要通过模块名来调用。

```
#!/usr/bin/env python
from module import printInfo
printInfo('test')
```

注意，本例中使用的是 printInfo('test')，上一例中使用的是 module. printInfo('test')。

如果模块中有多个函数，那么使用 from import 语句可以仅导入需要的函数，其他函数不需要导入。如果想要导入模块的所有内容，则使用 from…import * 。

在模块中，除了函数，还可以有其他可执行的代码。这些代码只有模块被第一次导入时才被执行。修改 module. py 为

```
#!/usr/bin/env python
print('Before func')
def printInfo(input):
    print('[Python-IoT]',input)
print('After func')
```

修改 test. py 为

```
#!/usr/bin/env python
import module
import module
from module import printInfo
printInfo('test')
```

执行 test. py 的结果为

```
Before func
After func
[Python-IoT] test
```

可以看到，模块 module 中的其他代码在模块被导入时执行，无论被导入多少次，仅执行一次。

2.8.2　包

模块解决了函数名和变量名的冲突问题，在一个项目中，若不同程序员编写的模块名相同，怎么办呢？为了避免模块名的冲突，Python 引入了按目录来组织模块的机制，称其为**包**。

将 module. py 文件放置在目录 module_new 中，如果目录中包含名为 __init__. py 的文件，那么该目录就可以被称为一个 Python 包。mobule_new 目录结构为

```
module_new/
├────── __init__. py
└────── module. py
```

修改测试代码 test.py 为

```
#!/usr/bin/env python
import module_new.module
module_new.module.printInfo('test')
```

执行 test.py 的结果为

```
Before func
After func
[Python-IoT] test
```

与模块的导入方法类似，from…import 和 import * 对于包同样适用，读者可自行编写测试程序进行体会。

2.9 异常处理

在程序运行过程中总会出现各类错误：一类错误是由于程序中的语法错误造成的；另一类错误在程序运行过程中是无法预测的，如网络通信程序遇到网络端口、写文件时发现磁盘已满等，被称为异常，程序可能会因异常而终止并退出。

为了增加程序的健壮性，Python 内置一套 try…except…finally…异常处理机制用于处理异常，以免程序因异常而退出。

使用 try 机制编写的测试代码为

```
#!/usr/bin/env python
try:
    print('try...')
    x = 2/0
    print('x:', x)
except ZeroDivisionError as e:
    print('except:', e)
finally:
    print('finally...')
print('exit')
```

将可能会出错的代码使用 try 包裹起来运行，如果执行出错，则后续代码不会继续执行，而是跳转到错误处理代码，即 except 语句块，执行 except 后，如果有 finally 语句块，则执行 finally 语句块。

执行以上测试代码的结果为

```
try...
except: division by zero
finally...
exit
```

由于 0 作为被除数是非法的，因此程序会出现异常，使用 try 异常处理机制捕获到了运行错误，程序没有因为错误的发生而崩溃。

 抛出异常

在 Python 中，内置函数会抛出各种类型的异常，自己编写的函数同样可以抛出异常。想要抛出异常，需要定义一个异常类，并使用 raise 语句将其抛出。

```python
#!/usr/bin/env python
class IoTError(ValueError):
    pass
def func(input):
    num = int(input)
    if 0 == num:
        raise IoTError('Invalid value: %s' % input)
        return 2/num
func('0')
```

运行结果为

```
Traceback (most recent call last):
    File "./raise.py", line 9, in <module>
        func('0')
    File "./raise.py", line 7, in func
        raise IoTError('Invalid value: %s' % input)
__main__.IoTError: Invalid value: 0
```

程序成功抛出 IoTError 的异常。

第3章 Python 数据结构

　　程序的运行归根结底就是在内存和各种数据结构中打交道。Python 作为一门高级编程语言，提供了多种数据结构，大致分为三类：序列、映射和集合。其中，序列包括字符串、列表和元组；映射的典型代表是字典。要想深入掌握一门编程语言，熟练使用其数据结构是必备的。前面粗略介绍了 Python 的各种数据结构。本章将深入剖析各种数据结构。

3.1　字符串

　　字符串是 Python 中很常见的数据结构。字符串的创建非常简单，可以通过在引号中包含字符的方式创建，单引号和双引号的效果是一样的。

```
Str1 ='Python'
Str2 ="IoT"
```

　　Python 与其他高级编程语言类似，一个反斜杠（\）加一个单一字符可以表示一个特殊字符，如\n 表示换行，反斜杠用来转义。Python 常用的特殊字符为

特 殊 字 符	含　义
\'	转义，单引号
\	在行末时，表示续行符
\b	退格
\n	换行
\r	回车
\t	横向制表符
\xyy	十六进制，假设 yy 为 0a，\x0a 表示换行

3.1.1　索引和切片

　　字符串属于序列。序列中的每一个元素都可以通过指定一个偏移量的方式访问。多个元素可以通过切片的方式得到。索引从 0 开始，依次递增，−1 表示最后一个元素。

```
#!/usr/bin/env python
str = 'Python-IoT'        #定义一个字符串
print(str[0])             #打印 str 中的第一个字符
print(str[-1])            #打印 str 中的最后一个字符
print(str[1:5])           #切片操作,截取 str 索引 1 到 5(不包括 5)的字符
```

运行结果为

```
P
T
ytho
```

3.1.2　字符串中的运算符

除了索引[ ]和切片[:]，字符串还有其他一些运算符，如加号［(+)，用于字符串连接］、星号［(*)，表示字符串重复］及成员运算符 in 和 not in 等。

```
#!/usr/bin/env python
str1 = 'Python'           #定义字符串 str1
str2 = 'IoT'              #定义字符串 str2
print(str1+str2)          #使用+连接两个字符串
print(str2 * 3)           #使用 * 将 str2 重复输出 3 次
if 'P' in str1:           #使用 in 运算符判断字符 P 是 str1 的成员
    print('There is P in Python')
if 'I' not in str1:       #使用 not in 运算符判断字符 I 不是 str1 的成员
    print('There is not I in Python')
```

运行结果为

```
PythonIoT
IoTIoTIoT
There is P in Python
There is not I in Python
```

需要注意的是，Python 中的字符串是不允许修改的！

3.1.3　字符串格式化

Python 支持格式化字符串的输出，非常类似于 C 语言中 printf( ) 函数的字符串格式化，使用百分号（%）进行格式化。

例如，分别使用%s、%d、%x、%f 将 30 格式化为字符串、整数、十六进制数、浮点数，即

```
>>> print('%s %d %x %f' % (30,30,30,30))
30 30 1e 30.000000
>>>
```

3.1.4　字符编码

众所周知，计算机只能识别 0 和 1，即只能处理二进制数，要想处理字符串，就需要将字符串转换为数字。计算机采用连续的 8 个二进制数，也就是 8 个 bit 组成一个 byte（字节），一个字节就能表示 255 个数字。计算机发明于美国，最早的 127 个字符（大小写英文字母、数字和一些符号）就可以使用不同的数字分别来代表。这个编码规则被称为 ASCII 码，如使用数字 65 代表大写字母 A。

随着其他国家语言的加入，ASCII 码就不够用了。为了解决这个问题，一种万国码出现了，即 Unicode 编码。Unicode 编码对所有语言的字符都采用两个字节表示。这样就不会有乱码问题了。

虽然解决了乱码问题，但是很快又发现了新的问题。本来一个字节就可以表示英文字母，但是为了统一强制，使用两个字节表示英文字母。如果文本中的英文字母居多，则 Unicode 编码就会比 ASCII 码额外多出一倍的存储空间，非常浪费。

为了节省空间，UTF-8（可变长度字符）编码应运而生。顾名思义，UTF-8 编码的长度是可变的，将常用的英文字母编码成 1 个字节，汉字编码成 3 个字节，非常灵活，大大节省了计算机的存储空间。

基于各种编码的不同特点，字符串在计算机内存中统一使用 Unicode 编码，当字符串用来存储和传输时，则转换为 UTF-8 编码。

 编解码

在 Python3 中，字符串用 Unicode 编码。在内存中，一个字符对应多个字节。当字符串用来存储和传输时，需要转换为 bytes 类型。Python 中的 bytes 类型用 b'xxx' 表示，即

```
>>> x = b'IoT'
>>> type(x)
<class 'bytes'>
>>>
```

用 Unicode 编码的字符串可以使用 encode() 方法转换为 bytes 类型，即

```
>>> str = 'IoT'
>>> type(str)
<class 'str'>
>>> str.encode()
b'IoT'
>>> type(str.encode())
<class 'bytes'>
>>>
```

反过来，从存储介质和传输流中获取的 bytes 类型需要使用 decode() 方法转换为字符

串，即

```
>>> x = b'IoT'
>>> type(x)
<class 'bytes'>
>>> x.decode()
'IoT'
>>> type(x.decode())
<class 'str'>
>>>
```

3.2　列表

列表是序列的一种，用方括号（[]）表示，并用逗号分隔各元素。列表中的元素类型可以不同。同一个列表中可以包含数字、字符串等多种元素类型。

定义一个列表为

```
list = ['Python', 123, 22.5]
```

3.2.1　访问列表

与字符串一样，列表可以被索引和截取。

```
#!/usr/bin/env python
list = ['Python', 123, 22.5]
print(list[0])          #打印列表中的第一个元素
print(list[-1])         #打印列表中的最后一个元素
print(list[1:])         #打印列表中从第 2 个元素开始的所有元素
```

运行结果为

```
Python
22.5
[123, 22.5]
```

3.2.2　更改列表

与字符串不同的是，列表中的元素可以更改。

 修改列表中的元素

列表中的元素允许修改：

```
#!/usr/bin/env python
list = ['Python', 123, 22.5]
print(list[0])              #打印列表中的第一个元素
list[0] = 'IoT'             #修改列表中的第一个元素
print(list[0])              #打印列表中的第一个元素
```

运行结果为

```
Python
IoT
```

列表中的第一个元素'Python'成功修改为'IoT'。

 删除列表中的元素

使用 del 语句删除列表中的元素，即

```
#!/usr/bin/env python
list = ['Python', 123, 22.5]
print(list)                 #打印列表中的所有元素
del list[1]                 #删除列表中的第 2 个元素
print(list)                 #打印列表中的所有元素
```

运行结果为

```
['Python', 123, 22.5]
['Python', 22.5]
```

列表中的第 2 个元素被成功删除。

3.2.3　列表中的运算符

与字符串类似，列表除了索引[]和切片[:]，还有其他一些运算符，如加号 [(+)，用于列表连接]、星号 [(*)，表示重复] 及成员运算符 in 等。

```
#!/usr/bin/env python
list1 = ['Python', 123, 22.5]      #定义列表 list1
list2 = [55, 'IoT']                #定义列表 list2
print(list1 + list2)               #拼接列表 list1 和 list2 并打印出来
print(list2 * 2)                   #使用两个 list2 组合成新的列表并打印出来
if 'Python' in list1:              #使用运算符 in 判断 list1 中是否有 Python 字符
    print('There is Python in list1')
```

运行结果为

```
['Python', 123, 22.5, 55, 'IoT']
[55, 'IoT', 55, 'IoT']
There is Python in list1
```

3.2.4　列表中的常用函数

列表中自带很多函数，可方便开发者使用。

 len(list)　统计列表中的元素个数

```
>>> list = [1,2,3,4]
>>> len(list)
4
>>>
```

 max(list)　获取列表中元素的最大值

```
>>> list = [1,2,3,4]
>>> max(list)
4
>>>
```

 min(list)　获取列表中元素的最小值

```
>>> list = [1,2,3,4]
>>> min(list)
1
>>>
```

 list. append(obj)　在列表末尾添加新的对象

```
>>> list = [1,2,3,4]
>>> print(list)
[1, 2, 3, 4]
>>> list. append(5)
>>> print(list)
[1, 2, 3, 4, 5]
>>>
```

list. count(obj)　统计某个元素在列表中出现的次数

```
>>> list = [1,2,1,1,2,3]
>>> print(list. count(1))
3
>>> print(list. count(2))
2
>>> print(list. count(3))
1
>>>
```

 list. reverse(obj)　将列表中的元素反向

```
>>> list = [1,2,3,4]
>>> print(list)
[1, 2, 3, 4]
>>> list. reverse()
>>> print(list)
[4, 3, 2, 1]
>>>
```

 list. remove(obj)　移除列表中的第一个匹配项

```
>>> list = [1,2,3,4,2]
>>> list. remove(2)
>>> print(list)
[1, 3, 4, 2]
>>>
```

3.3　元组

　　元组是序列的一种，与列表很类似。不同之处在于：列表用方括号表示，元组用小括号表示；列表中的元素可以修改，元组中的元素不允许修改。

　　定义一个元组为

```
tup = ('Python', 123, 22. 5)
```

　　创建一个空元组的方法为

```
tup = ()
```

　　需要注意的是，定义一个只有一个元素的元组时，需要在元素后面添加逗号作为分隔符。

错误的定义：tup = (1)。

正确的定义：tup = (1,)。

3.3.1 访问元组

与列表一样，元组同样可以被索引和截取。

```python
#!/usr/bin/env python
tup = ('Python', 123, 22.5)        #定义元组
print(tup[0])                      #打印元组中的第一个元素
print(tup[-1])                     #打印元组中的最后一个元素
print(tup[1:])                     #打印元组中从第 2 个元素开始的所有元素
```

3.3.2 元组中的运算符

与列表类似，元组除了索引[ ]和切片[:]，还有其他一些运算符，如加号 [（+）用于连接两个元组]、星号 [（*）表示重复] 及成员运算符 in 等。

```python
#!/usr/bin/env python
tup1 = ('Python', 123, 22.5)       #定义元组 tup1
tup2 = (55, 'IoT')                 #定义元组 tup2
print(tup1 + tup2)                 #拼接元组 tup1 和 tup2 并打印出来
print(tup2 * 2)                    #使用两个 tup2 组合成新的元组并打印出来
if 'Python' in tup1:               #使用运算符 in 判断 tup1 中是否有 Python 字符
    print('There is Python in tup1')
```

运行结果为

```
('Python', 123, 22.5, 55, 'IoT')
(55, 'IoT', 55, 'IoT')
There is Python in tup1
```

删除整个元组，使用 del 语句：

```
>>> tup = (1,2,3)
>>> print(tup)
(1, 2, 3)
>>> del(tup)
>>> print(tup)
Traceback (most recent call last):
   File "<stdin>", line 1, in <module>
NameError: name 'tup' is not defined
>>>
```

3.3.3 元组中的内置函数

元组中的内置函数如下。

len(tuple)　计算元组中的元素个数

```
>>> tup = (1,2,3)
>>> len(tup)
3
>>>
```

 max(tuple)　返回元组中元素的最大值

```
>>> tup = (1,2,3)
>> max(tup)
3
>>>
```

 min(tuple)　返回元组中元素的最小值

```
>>> tup = (1,2,3)
>> min(tup)
1
>>>
```

 tuple(seq)　将列表转换为元组

```
>>> list = ['messi','xavi','Iniesta']
>>> list
['messi', 'xavi', 'Iniesta']
>>> tup = tuple(list)
>>> tup
('messi', 'xavi', 'Iniesta')
>>>
```

3. 4　字典

　　映射类型是一种关联式的容器类型，用于存储对象与对象之间的映射关系。字典（dict）也叫散列表，是 Python 中唯一的映射类型，是用于存储键、值对（由键映射到值）的关联容器。字典的每个键、值(key＝>value)对都用冒号(:)分隔，每个键、值对之间都用

逗号(,)分隔，用花括号（{}）定义，格式为

```
dict = {'messi': '169', 'xavi': '170', 'Iniesta': '171'}
```

3.4.1 访问字典

在字典中，键、值是一一对应的，可通过键名访问对应的值。

```
>>> dict = {'messi': '169', 'xavi': '170', 'Iniesta': '171'}
>>> print(dict['messi'])
169
>>> print(dict['xavi'])
170
>>>
```

3.4.2 修改字典

在字典中，内容是可以修改、添加及删除的。

修改字典中已有键对应的值：

```
>>> dict = {'messi': '169', 'xavi': '170', 'Iniesta': '171'}
>>> dict['messi'] = '180'
>>> dict
{'messi': '180', 'xavi': '170', 'Iniesta': '171'}
>>>
```

在字典中添加新的键、值：

```
>>> dict = {'messi': '169', 'xavi': '170', 'Iniesta': '171'}
>>> dict['Suarez '] = '182'
>>> dict
{'messi': '169', 'xavi': '170', 'Iniesta': '171', 'Suarez ': '182'}
>>>
```

使用 del 字典名 [键] 可以删除字典中的一对键、值，使用 clear 语句可以将字典清空，使用 del 字典名可以将字典删除，即

```
>>> dict1 = {'messi': '169', 'xavi': '170', 'Iniesta': '171'}
>>> del dict1['messi']
>>> dict1
{'xavi': '170', 'Iniesta': '171'}
>>> dict1.clear()
>>> dict1
{}
>>> del dict1
```

```
>>> dict1
Traceback (most recent call last):
    File "<stdin>", line 1, in <module>
NameError: name 'dict1' is not defined
>>>
```

因为 del 语句可以将字典完全删除，所以再次访问该字典时会报错。

3.4.3　字典中键的特性

在字典中，键必须是唯一的，如果定义字典时使用了多个同样的键，则系统只记住最后一对键、值。

```
>>> dict = {'messi': '169', 'xavi': '170', 'messi': '171'}
>>> dict
{'messi': '171', 'xavi': '170'}
```

在字典中，值可以是任意数据类型，键是不可变的数据类型，如字符串、数字或元组，不可以是列表。

```
>>> dict = {'messi': '169', 1: 1, ('xavi'): '171'}
>>> dict
{1: 1, 'messi': '169', 'xavi': '171'}
>>> dict = {'messi': '169', 1: 1, ('xavi'): '171', ['list']: 'list'}
Traceback (most recent call last):
    File "<stdin>", line 1, in <module>
TypeError: unhashable type: 'list'
```

3.4.4　字典中的函数

字典中包含下列内置函数。

 len(dict)　计算字典中的元素个数，即键的总数

```
>>> dict = {'messi': '169', 'xavi': '170', 'Iniesta': '171'}
>>> len(dict)
3
```

 dict. keys( )　返回字典中所有的键

```
>>> dict = {'messi': '169', 'xavi': '170', 'Iniesta': '171'}
>>> dict. keys()
dict_keys(['messi', 'xavi', 'Iniesta'])
```

dict. values( )　返回字典中所有的值

```
>>> dict = {'messi': '169', 'xavi': '170', 'Iniesta': '171'}
>>> dict. values( )
dict_values(['169', '170', '171'])
```

dict1. update(dict2)　把字典 dict2 中的键、值更新到字典 dict1 中

```
>>> dict1 = {'messi': '169', 'xavi': '170', 'Iniesta': '171'}
>>> dict2 = {'Suarez ':'182'}
>>> dict1. update( dict2)
>>> dict1
{'messi': '169', 'xavi': '170', 'Iniesta': '171', 'Suarez ': '182'}
```

3.5　集合

　　集合与其他语言类似，是一个无序不重复元素集，基本功能包括关系测试和消除重复元素。与列表、元组的不同在于，集合中的元素是无序的，无法通过数字编号进行索引。集合的创建方法是使用大括号（{}）或 set( )函数。

```
>>> test1 = {'one', 'two', 'three'}
>>> test2 = set('123')
```

　　需要注意的是，创建一个空的集合必须使用 set( )函数，不能使用大括号（{}），因为大括号（{}）表示创建一个空的字典。

3.5.1　忽略重复元素

　　集合主要用于检查成员资格，重复元素被忽略。

```
>>> test = set([1,2,3,1,2,2,3])
>>> test
{1, 2, 3}
```

3.5.2　无序

　　集合中的元素是无序的。

```
>>> test = set([2,3,1])
>>> test
```

```
{1, 2, 3}
>>> test = set([3,2,1])
>>> test
{1, 2, 3}
```

3.5.3　常用操作

集合可以进行元素的添加和删除、求交集和并集、比较等多种操作。

```
>>> test1 = set([1,2,3,4,5])        #定义集合 test1
>>> test2 = set([1,2,3,6])          #定义集合 test2
>>> test1|test2                     #求两个集合的并集
{1, 2, 3, 4, 5, 6}
>>> test1&test2                     #求两个集合的交集
{1, 2, 3}
>>> test1-test2                     #求两个集合的差集
{4, 5}
>>> test2-test1
{6}
>>> test1^test2                     #求集合的对称差集,即不同时出现在两个集合中的元素
{4, 5, 6}
>>> test1.add(7)                    #为集合添加一个元素
>>> test1
{1, 2, 3, 4, 5, 7}
>>> test1.update([8,9])             #添加多个元素
>>> test1
{1, 2, 3, 4, 5, 7, 8, 9}
>>> test1.remove(9)                 #从集合中删除一个元素
>>> test1
{1, 2, 3, 4, 5, 7, 8}
>>> len(test1)                      #求集合的长度
7
>>> 7 in test1
True
>>> test1.clear()                   #将集合内容清空
>>> test1
set()
>>> del test1                       #删除集合
>>> test1
Traceback (most recent call last):
  File "<stdin>", line 1, in <module>
NameError: name 'test1' is not defined
```

第4章
Python 高级特性

Python 作为一门编程语言有很多特性，如生成器、迭代器、装饰器、面向对象编程等。本章将介绍 Python 的高级特性。

4.1 生成器

在 Python 中创建一个列表的常用方法是首先定义一个列表变量，然后依次写出列表中的所有元素。比如，创建一个包含 1~5 的所有整数的列表：

```
>>> list = [1,2,3,4,5]
>>> list
[1, 2, 3, 4, 5]
```

继续扩展，假设创建一个包含 1~10 的所有整数的列表，则使用这种方法就不得不将 10 个整数全部写出来，随着数据量的增大，编程工作量随之骤增。为了减少重复、烦琐的操作，Python 引入 range( ) 函数，即使用 range(1,11) 函数表示 1~10 的所有整数。

```
>>> list = range(1,11)
>>> list
[1, 2, 3, 4, 5, 6, 7, 8, 9, 10]
```

再次改变需求，假设创建一个 1~10 的所有整数平方的列表，则首先想到的是使用 for 循环来实现，即

```
>>> list = []
>>> for num in range(1,11):
...     list. append(num * num)
...
>>> list
[1, 4, 9, 16, 25, 36, 49, 64, 81, 100]
>>>
```

在程序中，首先定义了一个空列表 list，然后通过 for 循环遍历 1~10 的所有整数，将 10 个整数进行平方运算之后，使用 append( ) 函数添加到列表中。

虽然实现了预期的需求，但是需要通过多行代码才能实现，过程非常繁琐。Python 以代码量少、简洁、精炼著称。为了实现需求，Python 提供了高级特性，即列表推导式。

4.1.1　列表推导式

列表推导式（list comprehensions）是 Python 内置的非常简单且强大的可以用来轻松创建列表（list）的方法，使用非常简单的语句利用其他列表创建新的列表，使用一行语句即可创建 1~10 的所有整数平方的列表：

```
>>> list = [num * num for num in range(1, 11)]
>>> list
[1, 4, 9, 16, 25, 36, 49, 64, 81, 100]
```

列表推导式的书写规则是，生成的元素放在语句前面，紧跟着的是 for 循环。

在列表推导式的循环后加上条件判断，可以创建 1~10 中所有偶数平方的列表。

```
>>> list = [num * num for num in range(1, 11) if num%2 == 0]
>>> list
[4, 16, 36, 64, 100]
```

使用两个 for 循环即可将两个列表中的元素进行全排列，继而生成新的列表。

```
>>> list = [char+num for char in ['a','b','c'] for num in ['1','2','3']]
>>> list
['a1', 'a2', 'a3', 'b1', 'b2', 'b3', 'c1', 'c2', 'c3']
```

运用列表推导式可以快速生成列表，且代码非常简洁。

4.1.2　生成器表达式

基于列表继续扩展，如果列表中的元素个数持续扩大，达到 10 万个，则如此大的列表将占用巨大的内存空间。假设程序实际上只需要访问列表中的几个元素，那么列表占用的绝大多数内存空间都是多余的，纯属浪费。为了解决这个问题，Python 引入了**生成器表达式**。

可以通过**生成器表达式**将列表改为一个生成器。列表一旦被创建，所包含的元素就实实在在地存在内存空间了。列表存放的是元素。生成器存放的是算法。由于通过 next( ) 调用算法可实时生成元素，因此生成器占用的内存空间很小。

将列表推导式的方括号 [ ] 改为小括号 ( )，即可创建一个生成器，即

```
>>> list = [num * num for num in range(1, 6)]
>>> list
[1, 4, 9, 16, 25]
>>> g = (num * num for num in range(1, 6))
>>> g
```

```
<generator object <genexpr> at 0xb68fa25c>
>>> next(g)
1
>>> next(g)
4
>>> next(g)
9
>>> next(g)
16
>>> next(g)
25
>>> next(g)
Traceback (most recent call last):
  File "<stdin>", line 1, in <module>
StopIteration
>>>
```

可以看到，列表 list 一旦被创建，内存空间就存放了所有元素，生成器 g 中的元素将随着 next() 函数的调用实时生成，直到最后没有元素可生成时，抛出 StopIteration 错误。

4.1.3　生成器函数

除了生成器表达式可以变为生成器，生成器函数同样可以变为生成器，编写一个函数，通过该函数可以计算任意自然数的平方数。

```
#!/usr/bin/env python
def square(input):
    list = []
    for num in range(input):
        list.append(num * num)
        print(list)
    return list
for num in square(5):
    print(num)
```

运行结果为

```
[0]
[0, 1]
[0, 1, 4]
[0, 1, 4, 9]
[0, 1, 4, 9, 16]
0
1
4
9
16
```

可以看到，square( ) 函数在运行过程中会创建一个列表，若计算的自然数变大，列表也会变大，则程序会占用大量的内存空间，当自然数无限大时，程序将因无法分配到足够的内存空间而无法运行。

为了解决这个问题，借助生成器，将 square( ) 函数改为生成器函数，使用 **yield 关键字**，即

```
#!/usr/bin/env python
def square(input):
    for num in range(input):
        print('before yield')
        yield num * num
        print('after yield')
for num in square(5):
    print(num)
```

运行结果为

```
before yield
0
after yield
before yield
1
after yield
before yield
4
after yield
before yield
9
after yield
before yield
16
after yield
```

可以看到，使用生成器函数同样实现了与普通函数同样的功能，区别如下。

生成器代码更简洁。对比两者的代码，除了用于打印提示信息的代码，生成器的代码量更少，结构更简洁。

生成器占用内存空间极少。生成器并没有创建列表，更不会因为自然数的变大而消耗大量的内存空间。普通函数则会面临严重的内存空间问题。

运行方式不同。普通函数是顺序执行的，直到执行完最后一行语句或遇到 return 语句就返回。生成器函数是遇到 yield 语句就返回，再次执行时，从返回的地方继续执行。

4.2　迭代器

通过前面章节的学习，读者应该知道了在 Python 中能够用于 for 循环的对象如下：

- 集合数据类型，如字符串、列表、元组、字典和集合；
- 生成器，包括生成器表达式和生成器函数。

所有这些能够用于 for 循环的对象均被称为**可迭代对象（Iterable）**。判断一个对象是否为可迭代对象可以使用 isinstance() 方法，即

```
>>> from collections import Iterable
>>> isinstance('',Iterable)
True
>>> isinstance([],Iterable)
True
>>> isinstance((),Iterable)
True
>>> isinstance({},Iterable)
True
>>> isinstance((num * num for num in range(5)),Iterable)
True
```

在所有可用于 for 循环的对象中，生成器可以被 next() 函数不断调用并生成下一个值，直到抛出 StopIteration 错误表示无法继续为止。

像生成器这种可以被 next() 函数调用并不断生成下一个值的对象被称为**迭代器（Iterator）**。

可以使用 isinstance() 判断一个对象是否是迭代器，即

```
>>> from collections import Iterator
>>> isinstance('',Iterator)
False
>>> isinstance([],Iterator)
False
>>> isinstance((),Iterator)
False
>>> isinstance({},Iterator)
False
>>> isinstance((num * num for num in range(5)),Iterator)
True
```

对于不是迭代器的可迭代对象，可以使用 iter() 函数将其变为迭代器，即

```
>>> from collections import Iterator
>>> isinstance([],Iterator)
```

```
False
>>> isinstance(iter([]),Iterator)
True
```

可以使用 for 循环遍历迭代器，即

```python
#!/usr/bin/env python
list = [1,2,3,4]
for num in iter(list):
    print(num)
```

执行结果为

```
1
2
3
4
```

也可以使用 next() 函数遍历迭代器，即

```python
#!/usr/bin/env python
import sys
list = [1,2,3,4]
iter = iter(list)
while True:
    try:
        print(next(iter))
    except StopIteration:
        sys.exit()
```

执行结果为

```
1
2
3
4
```

4.3　函数式编程

实际的编程工作首先可以通过将复杂的功能拆分成无数个小功能，分别通过不同的函数来实现，然后通过对多个函数的调用把复杂的任务简单化。这样的分解过程被称为面向过程程序设计。函数是构成面向过程程序设计的基本单元。

函数式编程是使用一系列的函数解决问题。函数仅接受输入并产生输出，不包含任何可能影响输出的内部状态，在任何情况下，使用相同参数调用函数所产生的结果始终相同。

在一个函数式的程序中，输入的数据"流过"一系列的函数，每一个函数根据输入产生输出。函数式风格可避免编写有"边界效应"的函数：修改内部状态或其他无法反映在输出上的变化。完全没有"边界效应"的函数被称为纯函数式的。避免"边界效应"意味着不使用在程序运行时可变的数据结构，输出只依赖于输入。

函数式编程是一种抽象程度很高的编程范式。纯粹函数式编程语言编写的函数没有变量。Python 对函数式编程提供了部分支持。由于 Python 允许使用变量，因此 Python 不是纯函数式的编程语言。

函数式编程的一大特点就是，允许把函数作为参数传入另一个函数，并且允许返回一个函数。

函数式编程通常有下列优点：

- 没有"边界效应"，更容易从逻辑上证明程序的正确性；

- 模块化，崇尚简单原则，一个函数只做一件事情，将大的功能拆分为尽可能小的模块，模块越小越简单，易读易排查错误；

- 组件化，模块越小，越容易组合利用，从而构建新的功能模块；

- 易于调试和测试，因为函数定义足够清晰、功能足够细化，所以调试变得更加简单，测试更容易；

- 提高生产率，相比其他开发方式，代码更简洁，代码量更少，使程序更容易阅读和维护，生产效率更高。

4.3.1　高阶函数

把函数作为参数传入另一个函数，这样的函数被称为高阶函数（Higher-order function）。下面将逐步分析，帮助读者理解高阶函数的概念。

 函数名也是变量

通过前面的学习已经知道，可以把求绝对值函数 abs( ) 的计算结果赋值给一个变量，比如，可把-5 绝对值的计算结果赋值给变量 num，即

```
>>> num = abs(-5)
>>> num
5
```

如果把 abs( ) 函数名称赋值给变量 num，则

```
>>> num = abs
>>> num
<built-in function abs>
```

可见，abs( )函数名称也可以赋值给变量。

既然 abs( )函数名称赋值给了变量 num，那么 num 变量就等同于 abs( )函数名称，可以尝试使用变量 num 计算绝对值，即

```
>> num = abs
>>> num(-5)
5
```

通过以上代码可知，使用变量 num 执行和运行 abs( )函数的效果一样，说明 Python 中的函数名称也是变量。

 把函数作为参数传入另一个函数

变量能够作为参数传入函数，函数本身就是一个变量，函数可以作为参数传入另一个函数。

有了高阶函数的概念，就可以自己动手构建一个高阶函数，即

```
#!/usr/bin/env python
def plus(num1,num2,func):
    return func(num1) + func(num2)
print(plus(-3,-4,abs))
```

在高阶函数 plus( )中，前两个参数是普通变量，func 变量是一个函数，调用 plus( )时，可将 abs( )函数名称作为参数传入。

执行以上程序，可得到计算结果 7。

4.3.2　内置高阶函数

Python 提供了多个内置高阶函数。下面将介绍常用内置高阶函数的功能和用法。

 map( )映射函数

map( )映射函数可接收两个参数：一个参数是函数；另一个参数是可迭代的对象。map( )映射函数将传入的函数依次作用到传入可迭代对象的每一个元素上，得到一个新的可迭代对象并返回。

例如，假设想要计算一个列表中每个整数的平方，则只需将平方函数 $f(x) = x * x$ 和列表[1,2,3,4,5]传入 map( )函数就可以实现，即

```
#!/usr/bin/env python
old_list = [1,2,3,4,5]
def f(x):
```

```
    return x * x

new_list = map(f,old_list)
print(list(new_list))
```

执行结果为

```
[1, 4, 9, 16, 25]
```

需要注意的是，在程序中，map() 函数返回的结果 new_list 是一个迭代器，由于迭代器是惰性序列，因此可以通过 list() 函数先把整个列表都计算出来后再输出。map() 函数不改变原有序列，只是返回一个新的序列。

由于列表中的元素有多种数据类型，因此 map() 函数不仅可以处理元素为数字的列表，还可以处理英文名列表。例如，假设英文名列表没有按照首字母大写、其他字母小写的规则输入英文名，则可通过 map() 函数将这些不规范的英文名规范化，即

```
#!/usr/bin/env python
bad_name = ['mESsI','XAvI','iNiEStA']
print(bad_name)
def CorrectName(name):
    return (name.lower().capitalize())
good_name = map(CorrectName,bad_name)
print(list(good_name))
```

运行结果为

```
['mESsI', 'XAvI', 'iNiEStA']
['Messi', 'Xavi', 'Iniesta']
```

 reduce() 序列计算函数

类似于 map() 函数，reduce() 函数可以把一个函数作用在一个序列上，与 map() 的区别在于，这个传入的函数必须具有两个参数，可以使用 reduce() 实现累加效果，即

```
#!/usr/bin/env python
from functools import reduce
numbers = [1,2,3,4,5]
def f(x,y):
    return x+y
print(reduce(f,numbers))
print(sum(numbers))
```

运行结果为

```
15
15
```

可以看到，使用 reduce( ) 实现了累加功能，效果与 sum( ) 函数一样。reduce( ) 的执行过程为：

首先计算前两个元素：f(1,2)，结果为 3；

再把计算结果和第 3 个元素计算：f(3,3)，结果为 6；

紧接着把结果和第 4 个元素计算：f(6,4)，结果为 10；

继续把结果和第 5 个元素计算：f(10,5)，结果为 15。

reduce( ) 函数还可以接收第 3 个可选参数作为计算的初始值。如果把初始值设为 10，则

```
#!/usr/bin/env python
from functools import reduce
numbers = [1,2,3,4,5]
def f(x,y):
    return x+y
print(reduce(f,numbers,10))
```

计算结果将是 25，因为首先计算 f(10,1)，得到结果 11，然后计算 f(11,2)，得到结果 13，直到计算完成，最终的结果为 25，相当于将列表中元素的累加值加上了初始值 10。

由于以上代码的功能与 Python 内置函数 sum( ) 的效果相同，因此没有存在的必要，可以使用 reduce( ) 函数实现求乘积的功能，即

```
#!/usr/bin/env python
from functools import reduce
numbers = [1,2,3,4,5]
def f(x,y):
    return x * y
print(reduce(f,numbers))
```

执行程序，得到的正确结果为 120。

 filter( ) 条件过滤函数

Python 内建的 filter( ) 函数用于过滤序列。与 map( ) 函数类似，filter( ) 函数可接收一个函数和一个序列。不同之处在于，filter( ) 函数先把传入的函数依次作用于每个元素，再根据返回值是 True 还是 False 决定保留或丢弃某个元素。

比如，删除列表中的偶数，保留列表中的奇数，可以通过如下程序实现，即

```
#!/usr/bin/env python
numbers = range(1,11)
def f(x):
    return x%2 == 1
odds = filter(f,numbers)
print(list(odds))
```

运行结果为

```
[1, 3, 5, 7, 9]
```

使用 filter() 函数过滤可以成功得到 1~10 的所有奇数。

又如，使用 filter() 删掉一个序列中的所有空字符串，即

```
#!/usr/bin/env python
old_strs = ['messi','','xavi','',None]
print(old_strs)
def f(x):
    return x and x.strip()
new_strs = filter(f,old_strs)
print(list(new_strs))
```

运行结果为

```
['messi', '', 'xavi', '', None]
['messi', 'xavi']
```

通过 filter() 函数过滤，成功清除了序列中的空字符串。

 sorted() 排序函数

Python 内置的 sorted() 函数可以对序列中的元素进行排序，如将一个包含数字的序列从小到大进行排列：

```
>>> numbers = [1,2,-3,-4]
>>> sorted(numbers)
[-4, -3, 1, 2]
```

实际上，sorted() 函数是高阶函数，可以通过 key 接收一个函数自定义排序方法，如传入绝对值函数 abs，即

```
>>> numbers = [1,2,-3,-4]
>>> sorted(numbers,key=abs)
[1, 2, -3, -4]
```

Python 默认的字符串排序方法是按照 ASCII 码的大小排列的，即

```
>>> players = ['messi','Xavi','Iniesta']
>>> sorted(players)
['Iniesta', 'Xavi', 'messi']
```

想要忽略首字母大、小写的影响，可以通过如下方式实现，即

```
>>> players = ['Messi','xavi','Iniesta']
>>> sorted(players,key=str.lower)
['Iniesta', 'Messi', 'xavi']
```

如果要反向排序，则添加 reverse=True 参数即可，如

```
>>> players = ['Messi','xavi','Iniesta']
>>> sorted(players,key=str.lower,reverse=True)
['xavi', 'Messi', 'Iniesta']
```

4.3.3　闭包

高阶函数除了可以接收函数作为参数，还可以把函数作为结果返回。下面将构建一个可以通过配置实现打招呼的函数 GreetingConfig( )。

```
#!/usr/bin/env python
def GreetingConfig(prefix):
    def greeting(postfix):
    print(prefix, postfix)
    return greeting

M = GreetingConfig('Good morning！')
M('Messi')
M('Xavi')

A = GreetingConfig('Good afternoon！')
A('Messi')
A('Xavi')
```

运行结果为

```
Good morning！    Messi
Good morning！    Xavi
Good afternoon！   Messi
Good afternoon！   Xavi
```

在程序中，GreetingConfig( ) 函数嵌套 greeting( ) 函数，且将 greeting( ) 函数作为返回值。greeting( ) 函数访问上一级函数的变量 prefix 时，GreetingConfig( ) 函数就是闭包。

闭包（Closure）是词法闭包（Lexical Closure）的简称，是引用自由变量的函数。这个被引用的自由变量将与这个函数一同存在，即使已经离开创造的环境也不例外。闭包是由函数和与其相关的引用环境组合而成的实体。闭包是函数式编程的重要语法结构。Python 支持这一特性。

由程序的运行结果可知，闭包在运行时可以有多个实例，不同的引用环境（这里就是 prefix 变量）和相同的函数（这里就是 greeting( ) 函数）组合可以产生不同的实例。

在 Python 中创建一个闭包可以归结为以下三点：

- 闭包函数必须有内嵌函数；
- 内嵌函数需要引用上一级函数的变量；
- 闭包函数必须返回内嵌函数。

4.3.4　装饰器

装饰器是 Python 的重要特性之一，为了更好地描述装饰器，下面将通过实例一步一步地讲解。

首先实现一个简单的延时函数，并在程序中调用它，即

```python
#!/usr/bin/env python
import time
def timeTest():
    print('timeTest start')
    print('sleep 1 second...')
    time.sleep(1)
    print('timeTest end')
timeTest()
```

运行结果为

```
timeTest start
sleep 1 second...
timeTest end
```

定义一个时间测试函数，函数功能非常简单：延时 1 秒，在延时前和延时后先分别打印开始和结束，再在程序中调用该函数。

假设此时想添加一个新功能：计算 timeTest( ) 函数的运行时间，则首先添加一个新的函数，在该函数中调用 timeTest( ) 函数，然后分别在调用前和调用后获取系统时间并求时间差，代码为

```
#!/usr/bin/env python
import time
def calcTime(func):
    startTime = time.time()
    func()
    endTime = time.time()
    interval = endTime - startTime
    print('Time interval: %f secs' % interval)
def timeTest():
    print('timeTest start')
    print('sleep 1 second...')
    time.sleep(1)
    print('timeTest end')
calcTime(timeTest)
```

运行结果为

```
timeTest start
sleep 1 second...
timeTest end
Time interval: 1.001434 secs
```

通过以上程序成功计算了 timeTest() 函数的运行时间。仔细观察程序，黑体部分是新增代码，黑体+斜体部分是对原程序的更改。可以发现，为了实现新功能，程序不仅新增了代码，还更改了原程序的代码：将 timeTest() 修改为 calcTime(timeTest)。

很显然，这样的方式虽然实现了新的功能，但是更改了原程序的代码。有没有一种方式，既可以实现新的功能，又不需要更改原程序的代码呢？也就是只增不改。答案是肯定的。Python 提供的**装饰器**可以满足这样的需求。所谓装饰器，就是在不修改程序代码（包括函数的实现和调用方式）的基础上动态添加新的功能。就好比一个人打扮好（写好代码）准备出门了，突然想添加一个装饰品（新的功能），如想戴一顶帽子，那么最直接的方式就是在不改变当前打扮的情况下戴上帽子即可，而不是为了戴帽子还需要把已经穿好的衣服扒掉（修改写好的代码）。

使用装饰器可以重新实现计时功能，即

```
#!/usr/bin/env python
import time
def calcTime(func):
    def wrapper():
        startTime = time.time()
        func()
        endTime = time.time()
        interval = endTime - startTime
        print('Time interval: %f secs' % interval)
```

```
    return wrapper
@ calcTime
def timeTest( ) :
    print('timeTest start')
    print('sleep 1 second...')
    time. sleep(1)
    print('timeTest end')
timeTest( )
```

运行结果为

```
timeTest start
sleep 1 second...
timeTest end
Time interval: 1.001442 secs
```

在代码中，黑体部分是新增代码，即只新增代码就能新增功能，并未修改原程序的代码。其中，@ calcTime 中的@是 Python 装饰器的语法糖。@ calcTime 放在 timeTest( ) 函数的定义处，相当于执行了语句：timeTest = calcTime(timeTest)。

 被装饰的函数带参数

在以上程序中，被装饰的函数 timeTest( ) 没带参数，如果带参数，则装饰器该如何构建呢？基于以上程序，修改代码如下。

```
#!/usr/bin/env python
import time
def calcTime(func) :
    def wrapper(num) :
        startTime = time. time( )
        func(num)
        endTime = time. time( )
        interval = endTime - startTime
        print('Time interval: %f secs' % interval)
    return wrapper
@ calcTime
def timeTest(num) :
    print('timeTest start')
    print('sleep %d second...' % num)
    time. sleep(num)
    print('timeTest end')
timeTest(1)
```

运行结果为

```
timeTest start
sleep 1 second...
timeTest end
Time interval: 1.001523 secs
```

可以看到，当被装饰的函数 timeTest( ) 带参数时，可将装饰器的内嵌函数修改为被装饰函数的形式。此时，timeTest(1) 相当于 calcTime(timeTest(1))。

 带参数的装饰器

假设想要使用共同的装饰器来修饰多个不同的函数，不同的函数有形式不同的参数，则装饰器可以通过可变参数（ *args, ** kwargs）来实现内嵌函数。

目前，针对被装饰函数带参数已经有了应对方法，对于装饰器本身带参数如何应对呢？下面通过实例进行介绍。基于前文的实例，为装饰器添加一个 bool 变量，通过变量的真假判断是否调用计时功能，即

```python
#!/usr/bin/env python
import time
def calcTime(flag = False):
  if flag:
    def _calcTime(func):
      def wrapper( * args, ** kwargs):
        startTime = time.time()
        func( * args, ** kwargs)
        endTime = time.time()
        interval = endTime - startTime
        print('Time interval: %f secs' % interval)
      return wrapper
  else:
    def _calcTime(func):
      return func
  return _calcTime
@ calcTime(False)
def timeTest1():
  print('timeTest1 start')
  print('sleep 1 second...')
  time.sleep(1)
  print('timeTest1 end')
@ calcTime(True)
def timeTest2(num):
  print('timeTest2 start')
  print('sleep %d second...' % num)
  time.sleep(num)
  print('RtimeTest2 end'R)
```

```
        timeTest1( )
        print( )
        timeTest2( 2 )
```

运行结果为

```
        timeTest1 start
        sleep 1 second...
        timeTest1 end

        timeTest2 start
        sleep 2 second...
        timeTest2 end
        Time interval: 2. 002682 secs
```

由程序和运行结果可知，将同一个装饰器 calcTime 用于两个不同的函数——timeTest1( ) 和 timeTest2(num)，一个没带参数，一个带参数，通过装饰器的参数可以为装饰过程添加判断，@ calcTime(True) 表示进行计时，@ calcTime(False) 表示不会进行计时，程序运行结果也证明了这一点。

 装饰器调用顺序

在以上程序中，使用一个装饰器修饰了一个函数，如果使用多个装饰器修饰同一个函数，则装饰器的调用顺序怎样呢？下面依然通过实例进行介绍。

```
        #!/usr/bin/env python
        def dec1( func) :
          print('dec1')
          def wrapper( ) :
            print('dec1_wrapper')
            func( )
          return wrapper
        def dec2( func) :
          print('dec2'R)
          def wrapper( ) :
            print('dec2_wrapper')
            func( )
          return wrapper
        @ dec1
        @ dec2
        def testFunc( ) :
          print('testFunc')
        testFunc( )
```

运行结果为

```
dec2
dec1
dec1_wrapper
dec2_wrapper
testFunc
```

由运行结果可知，装饰器的调用顺序与语法糖@ 的声明顺序相反。在程序中，testFunc 相当于 dec1(dec2(testFunc))。

装饰器的威力在于不需要修改原程序即可添加新的功能。比如，在 Web 的开发过程中，任何人都可以看网络新闻，如果想要评论，则需要先登录账号，此时就可以通过装饰器添加登录功能来修饰现有的程序。

4.3.5　匿名函数

当调用函数时，有时不需要显示定义好的一个函数，直接传入一个匿名函数更方便。Python 可使用 lambda 表达式创建匿名函数，基本语法为

```
lambda 参数 1[ ,参数 2,…,参数 n]:表达式
```

首先是关键字 lambda，然后是参数，接下来用冒号隔开，冒号之后是表达式。lambda 函数有如下特点：

- lambda 只是一个表达式，函数体比 def 简单很多；
- lambda 的主体有且只有一个表达式，不是代码块；
- lambda 函数拥有自己的命名空间，不能访问自己参数列表之外或者全局命名空间中的参数。

使用匿名函数可实现两个数字求和功能，即

```
!/usr/bin/env python
func = lambda x,y:x+y
print(func(1,2))
```

此外，匿名函数由于没有函数名称，因此可避免函数名称的冲突。匿名函数同样可以作为返回值返回。

4.3.6　偏函数

int() 函数用于把字符串转换成整数，即

```
>>> int('1001')
1001
```

实际上，int() 函数还提供了另外一个参数 base，base 的值表示转换的进制，默认值为 10，默认按照十进制进行转换，可以添加 base=2 尝试进行二进制转换，即

```
>>> int('1001',base=2)
9
```

添加 base=2 后，int( ) 函数按照二进制成功地将 1001 转换为 9。

如果需要转换二进制字符串的数量非常庞大，则每次转换都需要添加 base=2，非常烦琐。

因此可以构建一个新的函数 int2( )，将 base=2 设置为默认参数，即

```
def int2(num,base=2):
    return int(num,base)
```

这样，使用新的函数 int2( ) 只需要将被转换的字符串作为参数传入即可实现转换。

```
>>> int2('0011')
3
>>> int2('1111')
15
```

对于新创建的函数 int2( )，Python 提供的 functools.partial 可以更方便地实现转换，即

```
>>> import functools
>>> int2 = functools.partial(int,base=2)
>>> int2('0011')
3
>>> int2('1111')
15
```

functools.partial 的作用是把一个函数中的一些参数设置为默认值，返回一个新的函数，调用这个新的函数更加简单，体现了 Python 简洁的宗旨。

4.4　面向对象编程

在前面的章节中，实现程序复杂功能的方法是通过多个函数分别实现不同的小功能，程序的运行过程是一系列函数的顺序执行。这样的编程方式被称为面向过程的程序设计。

假设想要管理一支球队球员的个人信息，那么首先需要使用一个字典存储球员的个人信息，即

```
players = {'name':'messi','age':30}
```

如果想要打印球员的个人信息，则需要添加一个函数，定义函数为

```
def printInfo(player):
    print('name:%s,age:%d'%(player['name'],player['age']))
```

调用函数：printInfo（players），得到的结果为

```
name:messi,age:30
```

在面向对象的编程思想中，首先考虑的不是程序的执行过程，是将球员（Player）看成一个对象，包含名字（name）和年龄（age）两个属性。假设想要打印球员的个人信息，则需要创建一个球员的实际对象，通过实际对象调用 printInfo()的方法将球员的个人信息打印出来，即

```python
#!/usr/bin/env python
class Player(object):
    def __init__(self,name,age):
        self.name = name
        self.age = age
    def printInfo(self):
        print('name:%s,age:%d'%(self.name,self.age))
messi = Player('messi',30)
messi.printInfo()
```

在程序中，首先定义了一个球员的类，然后定义球员的实例：messi，最后通过调用 printInfo()打印 messi 的个人信息。

4.4.1　类与对象

面向对象非常贴近现实生活。所谓**类**，就是一个抽象的类型。比如，球员在现实生活中就是一种特殊类型的人群，是一个抽象的统称；messi 是一个实实在在的球员，在面向对象的程序设计中，被称为**对象**或实例。

类的定义使用 class 关键字。在 class 关键字后紧跟着的是类名，比如程序中的类名为 Player。由于类可以起到模板的作用，因此在创建实例的时候，可以把一些必须绑定的属性强制填写进去，即通过定义一个特殊的__init__方法，可以把 name、age 属性绑定。

创建实例使用类名+参数的方法，通过 messi = Player('messi',30)可以创建一个球员类的实例，且给 messi 实例赋予姓名和年龄的值。

在类的内部，使用 def 关键字定义一个方法。与一般函数的不同在于，类的方法必须包含参数 self，且作为第一个参数。self 代表的是类的实例。类的方法只能通过类的实例来调用。

由外部看 Player 类时，只需要知道创建实例需要定义 name 和 age 属性，至于如何打印，都是在类的内部定义的。这些数据和方法被封装起来，只管定义实例，类内部的实现细节不用关心。

这就是面向对象编程的特点之一：**封装**。类是抽象化的模板，实例是一个具体的对象，各个实例拥有的数据相互独立，互不影响。类的方法就是与实例绑定的函数，与普通函数不同，可以直接访问实例的数据，通过实例的调用方法，可以直接操作对象内部的数据，不需

要知道方法内部的实现细节。

4.4.2 访问限制

将前面的程序修改为

```
#! /usr/bin/env python
class Player(object):
    name = ''
    age = 0
    def printInfo(self):
        print('name:%s,age:%d'%(self.name,self.age))
messi = Player()
messi.name = 'messi'
messi.age = 30
messi.playerInfo()
```

运行结果为

```
name:messi,age:30
```

首先在 Player 类的内部重新定义 name 和 age 属性，然后创建类的实例 messi，通过实例访问类的 name 和 age 属性并对其修改，最后通过实例调用类的方法 printInfo() 打印球员的姓名和年龄。此时，name 和 age 的属性是公有的，可以从外部进行访问和修改。假设想要限制外部代码对类内部属性的修改，则可以将属性设置为**私有变量**。其方法是在属性名称前加上双下画线，即修改为

```
#! /usr/bin/env python
class Player(object):
    __name = ''
    __age = 0
    def printInfo(self):
        print('name:%s,age:%d'%(self.__name,self.__age))
messi = Player()
messi.__name = 'messi'
messi.__age = 30
messi.printInfo()
```

运行结果为

```
name: ,age:0
```

运行结果表明，通过外部代码对私有变量的修改并未成功，证明了私有变量无法从外部访问。想要修改类的私有变量，可以在类的内部实现一个设置私有变量的方法 setPlayer()，外部代码通过该方法可实现对私有变量的修改，即

```
#! /usr/bin/env python
class Player(object):
    def setPlayer(self,name,age):
        self.__name = name
        self.__age = age
    def printInfo(self):
        print('name:%s,age:%d'%(self.__name,self.__age))
messi = Player()
messi.setPlayer('messi',30)
messi.printInfo()
```

执行程序后，得到预期的结果：name:messi,age:30。

同样可以采用在类的方法前添加双下画线的方式将其设置为**私有方法**，私有方法也无法被外部代码访问，即

```
#! /usr/bin/env python
class Player(object):
    def setPlayer(self,name,age):
        self.__name = name
        self.__age = age
    def __printInfo(self):
        print('name:%s,age:%d'%(self.__name,self.__age))
messi = Player()
messi.setPlayer('messi',30)
messi.__printInfo()
```

因为私有方法无法被外部代码访问，所以执行该程序时会报错，即

```
AttributeError: 'Player' object has no attribute '__printInfo'
```

4.4.3　继承

假设想要创建一个新的类：CF，代表前锋球员。该类同样具有球员的姓名和年龄等类的变量，同样需要打印球员个人信息的类的方法。要实现该类又要重新写一遍与球员类几乎一样的代码吗？答案是否定的。面向对象编程提供了**继承**的机制。由于球员的种类很多，前锋是其中一种，因此 Player 类包含 CF 类，Player 类是 CF 类的父类，通过 class CF(Player) 的定义即可将 Player 类继承给 CF 类，即

```
#! /usr/bin/env python
class Player(object):
    name = ''
    age = 0
    def printInfo(self):
        print('name:%s,age:%d'%(self.name,self.age))
class CF(Player):
```

```
    pass
messi = CF( )
messi. name = 'messi'
messi. age = 30
messi. printInfo( )
```

运行结果为

```
name:messi,age:30
```

由程序可知，定义 CF 类时引用 Player 变量就是继承了 Player 类，CF 类虽然什么都没做，但拥有了 Player 类的所有特性，包含变量和方法。

子类继承父类，拥有父类的全部功能。由于前锋球员除姓名和年龄之外，还有一个重要的衡量指标，就是进球数，因此需要为 CF 类创建新的属性 goal，即

```
#! /usr/bin/env python
class Player( object) :
  name = ''
  age = 0
  def printInfo( self) :
    print('name:%s,age:%d'%( self. name, self. age) )
class CF( Player) :
  goal = 0
  def printInfo( self) :
    print('name:%s,age:%d,goal:%d'%( self. name, self. age, self. goal) )
messi = CF( )
messi. name = 'messi'
messi. age = 30
messi. goal = 91
messi. printInfo( )
```

运行结果为

```
name:messi,age:30,goal:91
```

CF 类有了新的属性 goal 之后，想要再次通过父类 printInfo( ) 的方法打印个人信息显然是不满足条件的，需要对 printInfo( ) 方法进行重写，将 goal 信息也打印出来。

继承是面向对象编程的又一个重要特性。通过继承，子类不仅可以将父类的功能完全继承过来，还可以在父类的基础上扩展新的功能。

4.4.4 多重继承

继承是面向对象编程的一个重要特性，通过继承，子类就可以拥有父类的所有功能。除了从一个父类继承，Python 还允许从多个父类继承，被称为多重继承，如

```
#! /usr/bin/env python
class A(object):
  def __init__(self):
    print('init class A')

class B(A):
  def __init__(self):
    A.__init__(self)
    print ('init class B')

class C(A):
  def __init__(self):
    A.__init__(self)
print ('init class C')

class D(B, C):
  def __init__(self):
    B.__init__(self)
    C.__init__(self)
    print ('init class D')
d = D()
```

运行结果为

```
init class A
init class B
init class A
init class C
init class D
```

在程序中，A 为基础父类；B、C 从 A 继承，为单继承；D 既继承了 B 又继承了 C，为多重继承。可以看出，通过多重继承，D 拥有了所有父类的功能。多重继承的目的是从多个继承树中分别选择并继承出子类，以便组合出新的功能。

举个例子，Python 的网络服务器有 TCPServer、UDPServer、UnixStreamServer、UnixDatagramServer，服务器运行模式有多进程 ForkingMixin 和多线程 ThreadingMixin 两种。

创建多进程模式的 TCPServer，通过多重继承可以很轻松地实现，即

```
class MyTCPServer(TCPServer, ForkingMixin)
```

创建多线程模式的 UDPServer，可分别继承 UDPServer 和 ThreadingMixin，即

```
class MyUDPServer(UDPServer, ThreadingMixin):
```

super( )方法

继续回到实例程序，虽然实现了多重继承的功能，但是仔细观察会发现一个问题，就是公共父类 A 的初始化方法被调用了多次，显然是不合理的，使用 super( ) 方法可以解决该问题，即

```python
#! /usr/bin/env python
class A(object):
  def __init__(self):
    print('init class A')

class B(A):
  def __init__(self):
    super(B, self).__init__()
    print ('init class B')

class C(A):
  def __init__(self):
    super(C, self).__init__()
    print ('init class C')

class D(B, C):
  def __init__(self):
    super(D, self).__init__()
    print ('init class D')
d = D()
```

运行结果为

```
init class A
init class C
init class B
init class D
```

4.4.5 多态

类具有继承关系，子类可以向上转型作为父类，如果从 Person 派生 Student 和 Teacher，并都写了一个 whoAmI( ) 的方法，则

```python
class Person(object):
  def __init__(self, name):
    self.name = name
  def whoAmI(self):
    return 'I am a Person, my name is %s' % self.name
```

```
class Student(Person):
    def __init__(self, name, score):
        super(Student, self).__init__(name)
        self.score = score
    def whoAmI(self):
        return 'I am a Student, my name is %s, my score is %d' % (self.name, self.score)

class Teacher(Person):
    def __init__(self, name, course):
        super(Teacher, self).__init__(name)
        self.course = course
    def whoAmI(self):
        return 'I am a Teacher, my name is %s, I teach %s' % (self.name, self.course)
```

在一个函数中，如果接收一个变量 x，则无论变量 x 是 Person、Student 还是 Teacher，都可以正确打印结果，即

```
def who_am_i(x):
    print(x.whoAmI())

p = Person('messi')
s = Student('xavi', 97)
t = Teacher('iniesta', 'Spanish')

who_am_i(p)
who_am_i(s)
who_am_i(t)
```

运行结果为

```
I am a Person, my name is messi
I am a Student, my name is xavi, my score is 97
I am a Teacher, my name is iniesta, I teach Spanish
```

这种情况就是面向对象编程中的**多态**。方法调用将作用在变量 x 的实际类型上。s 是 Student 的类型，拥有自己的 whoAmI() 方法及从 Person 继承的 whoAmI() 方法，调用 s.whoAmI() 总是先查找自身的定义，如果自身没有定义，则顺着继承链向上查找，直到在某个父类中找到。

由于 Python 是动态语言，因此传递给函数 who_am_i(x) 的参数 x 不一定是 Person 或 Person 的子类。任何数据类型的实例都可以，只要它有一个 whoAmI() 的方法即可。这是动态语言和静态语言（如 Java）的最大区别之一。动态语言调用实例方法不检查类型，只要方法存在且参数正确就可以调用。

4.4.6　运算符重载

Python 提供了运算符重载功能，增强了语言的灵活性。Python 语言本身提供了很多魔法

方法。运算符重载就是通过重写 Python 内置的魔法方法实现的。这些魔法方法都是以双下画线开头和结尾的，类似于__X__的形式。Python 通过这种特殊的命名方法拦截运算符，以实现重载。当 Python 的内置操作运用于类对象时，Python 会去搜索并调用对象中指定的方法并完成操作。

类可以重载加、减及打印、函数调用、索引等内置运算。运算符重载可以使对象行为与内置对象一样。Python 在调用运算符时会自动调用这样的方法。如果类实现了__add__方法，则当类的对象出现在加运算符中时就会调用这个方法。

Python 中常见的运算符重载方法有

方法名	重载说明	运算符调用方式
__init__	构造函数	对象创建：X＝Class（args）
__del__	析构函数	X 对象回收
__add__	加法运算	X+Y，X+=Y
__sub__	减法运算	X−Y，X−=Y
__or__	运算符 ∣	X∣Y，X∣=Y

构造函数（__init__）和析构函数（__del__）

__init__和__del__的主要作用是进行对象的创建和回收：当创建对象时，会调用__init__构造方法；当对象被回收时，析构函数__del__会自动执行，即

```
>>> class Human():
...     def __init__(self,n):
...         self.name = n
...         print('__init__',self.name)
...     def __del__(self):
...         print('__del__')
...
>>> h = Human('messi')
__init__ messi
>>> h = 'a'
__del__
>>>
```

加（__add__）和减（__sub__）运算

重载加和减，就可以在普通的对象上添加加、减运算符操作。下面的代码展示了如何使用加、减运算符。如果将代码中的__sub__方法去掉，则再调用减运算符就会出错，即

```
>>> class Calc():
...     def __init__(self,value):
...         self.value = value
...     def __add__(self,other):
...         return self.value + other
...     def __sub__(self,other):
...         return self.value - other
...
>>> c = Calc(5)
>>> c + 5
10
>>> c - 3
2
```

第5章
物联网核心组件

一个完整的物联网应用通常是由传感器、处理芯片、通信模块、网络协议、应用软件、服务等组成的综合体，是一个多元化的应用形态。

与已有的传统产业相比，物联网应用往往需要：

- 更丰富的传感器：种类、结构、形态等需要多种多样；

- 物联网特性的芯片：低功耗、小尺寸等；

- 新的网络方案：低功耗、广域、大容量；

- 新的通信协议：带宽窄、流量低；

- 具有物联网特性的云平台支撑。

5.1 网络通信方案

在覆盖率、功耗、带宽、组网方式等方面，物联网针对不同的应用场景需要不同的网络类型或多种网络类型的组合。

5.1.1 Wi-Fi 网络

Wi-Fi 网络的优点是速度相对较快，不需要网桥即可直接接入互联网，可以与手机进行无缝通信，带宽较宽；主要缺点在于，Wi-Fi 芯片的封装尺寸稍大，功耗较高，对于动辄需要电池供电数年之久的物联网终端设备来说显然是不适合的。

5.1.2 移动网络

Wi-Fi 网络虽然速度较快、带宽较宽，但相比移动网络来说覆盖率太低，无法作为通用方案。使用移动网络，物联网设备的部署会更加灵活，可有效填补 Wi-Fi 网络覆盖不到的区域，缺点在于，2G 或 4G 模块在通信时需要消耗流量，运营商会收取流量费用。这对于数据量较低的应用来说缺点不明显，但是对于数据量很大的应用来说，则需要考虑流量的费用问题。移动网络虽然比 Wi-Fi 网络的覆盖率更高，但不适合数据量太大的应用。

5.1.3　ZigBee

ZigBee 是一种近距离、低复杂度、低功耗、低速率、低成本的双向无线通信技术，可由 65535 个无线数传模块组成一个无线数传网络平台，在整个网络范围内，每一个无线数传模块之间可以相互通信，网络节点之间的距离可以由标准的 75m 无限扩展。

ZigBee 可无线连接，可工作在 2.4GHz（全球流行）、868MHz（欧洲流行）和 915MHz（美国流行）等 3 个频段上，分别具有最高 250kb/s、20kb/s 和 40kb/s 的传输速率，传输距离在 10~75m 范围内。

作为一种无线通信技术，ZigBee 具有如下特点：

- 低功耗：由于 ZigBee 的传输速率低，发射功率仅为 1mW，而且采用休眠模式，因此 ZigBee 设备非常省电。据估算，ZigBee 设备仅靠两节 5 号电池就可以维持长达 6 个月到 2 年左右的使用时间。

- 低成本：ZigBee 模块价格低，并且 ZigBee 协议是免专利费的。

- 短延时：通信延时和从休眠状态激活的延时都非常短，典型搜索设备的延时为 30ms，休眠激活的延时为 15ms，活动设备信道接入的延时为 15ms，可应用于对延时要求苛刻的无线控制。

- 网络容量大：一个星状结构的 ZigBee 网络最多可以容纳 254 个从设备和 1 个主设备，一个区域内可以同时存在最多 100 个 ZigBee 网络，网络组成灵活。

- 可靠：采取碰撞避免策略，为需要固定带宽的通信业务预留了专用时隙，避开了发送数据的竞争和冲突，MAC 层采用完全确认的数据传输模式，每个发送的数据包都必须等待接收方的确认信息。如果在传输过程中出现问题，则可以重发。

- 安全：提供了基于循环冗余校验（CRC）数据包的完整性检查功能，支持鉴权和认证，采用 AES-128 的加密算法，各个应用可以灵活确定安全属性。

5.1.4　BLE

BLE 支持常规的点对点通信，MESH 组网也即将面世。

5.1.5　LoRa

LoRa 是 LPWAN（低功耗广域网）通信技术，是美国 Semtech 公司采用和推广的一种基于扩频技术的超远距离无线传输方案，主要在全球免费频段运行，包括 433MHz、868MHz、915MHz 等。

LoRa 的特点有：

- 传输距离远；

- 功耗低；
- 组网节点多。

 LoRa 低功耗

在通信系统中，传输距离和功耗是矛盾的。若发射功率降下来，则传输距离必然就缩短了。LoRa 是如何解决这一矛盾的呢？因为 LoRa 提高了接收灵敏度，拥有超强的链路预算，所以就不需要很高的发射功率了。

LoRa 接收灵敏度的提高要归功于直接序列扩频技术。LoRa 采用高扩频因子，获得了较高的信号增益。一般 FSK 的信噪比需要 8dB，而 LoRa 的信噪比只需要−20dB。

LoRa 还应用了前向纠错编码技术，在传输信息中加入了冗余，可有效抵抗多径衰落，虽然牺牲了一些传输效率，但有效提高了传输的可靠性，毕竟 LoRa 也不需要多快的传输速率。

 LoRa 组网

LoRa 网络主要由终端（可内置 LoRa 模块）、网关（或称基站）、网络服务器及应用服务器等组成，应用数据可双向传输，如图 5.1 所示。

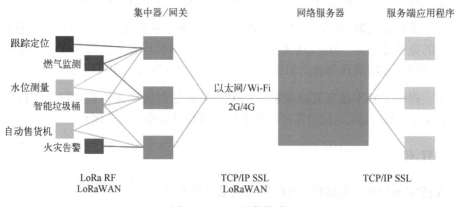

图 5.1　LoRa 网络构成

LoRaWAN 网络架构是一个典型的星状拓扑结构。LoRa 网关是一个透明传输的中继，用于连接终端设备和后端中央服务器。终端设备采用单跳与一个或多个网关通信。所有的节点与网关均双向通信。

 LoRa 终端设备

LoRa 终端节点可能有用于水位测量、燃气监测、火灾告警等的终端设备，通过 LoRa 无线通信首先与 LoRa 网关连接，再通过移动网络或以太网连接网络服务器。网关与网络服务器之间通过 TCP/IP 协议通信。

LoRa 网络的终端设备可划分为三类：

Class A：双向通信终端设备。该类终端设备允许双向通信，每一个终端设备上行传输会伴随着两个下行接收窗口。终端设备的传输时隙基于自身的通信需求，微调基于 ALOHA 协议。Class A 终端设备的功耗最低，基站下行通信只能在终端上行通信之后。

Class B：具有预设接收时隙的双向通信终端设备。该类终端设备会在预设时间过程中开放多余的接收窗口，为了达到这一目的，终端设备会同步从网关接收一个 Beacon，通过 Beacon 将基站与模块的时间同步。Class B 终端设备可以使基站知道正在接收数据。

Class C：具有最大接收窗口的双向通信终端设备。该类终端设备持续开放接收窗口，只在传输时关闭。Class C 终端设备虽拥有最长的接收窗口，但最耗电。

5.1.6　NB-IoT

NB-IoT 是 IoT 领域的一个新兴技术，支持低功耗设备在广域网的蜂窝数据连接，支持待机时间长、对网络连接要求较高设备的高效连接，能够提供非常全面的室内蜂窝数据连接覆盖。

NB-IoT 在物联网应用中的优势显著，是传统蜂窝网技术及蓝牙、Wi-Fi 等短距离传输技术无法比拟的。

首先，覆盖更广，在同样的频段下，NB-IoT 比现有的网络增益 20dB，覆盖面积扩大了 100 倍。

其次，对海量连接的支撑能力，NB-IoT 的一个扇区能够支持 10 万个连接，全球有约 500 万个物理站点，假设全部部署 NB-IoT，每个站点三个扇区，则可以接入的物联网终端将高达 4500 亿个。

同时，NB-IoT 的功耗更低，仅为 2G 的 1/10，终端模块的待机时间长达 10 年，成本也更低，随着市场发展所带来的规模效应和技术演进，功耗和成本有望进一步降低。

在支持大数据方面，NB-IoT 连接所收集的数据可以直接上传云端，蓝牙、Wi-Fi 等则没有这样的便利。

5.2　网络通信协议

5.2.1　HTTP

HTTP 协议是典型的 CS 通信模式，由客户端主动发起连接，向服务器请求 XML 或 JSON 数据。该协议最早是为了使用 Web 浏览器上网浏览场景设计的，目前在 PC、手机、PDA 等终端上都应用广泛，不适用物联网场景，有三大弊端：

- 必须由客户端主动向服务器发送数据，服务器难以主动向客户端推送数据，对于单纯的数据采集等场景勉强适用，对于频繁的操控场景，只能通过客户端的定期请求方式，实现成本和实时性都大打折扣。

● 安全性不高。HTTP 是明文协议，在很多要求高安全性的物联网场景，如果没有很多安全的准备工作（如采用 HTTPS 等），则后果不堪设想。

● 不同于客户交互终端，如 PC、手机等，物联网场景中的设备多样化，对于运算和存储资源都十分受限的设备，通过 HTTP 协议实现 XML/JSON 数据格式的解析是不可能的。

5.2.2　WebSocket

在 WebSocket 协议之前，双工通信是通过多个 HTTP 协议的连接实现的，导致效率低下。WebSocket 协议的出现解决了这个问题。

WebSocket 协议支持（在受控环境中运行不受信任的代码）客户端与（选择加入该代码的通信）远程主机之间进行全双工通信。其安全模型是 Web 浏览器常用的基于原始的安全模型。WebSocket 协议包括一个开放的握手和随后 TCP 层上的消息帧，目标是为基于浏览器的、需要和服务器进行双向通信的（服务器不能依赖于打开多个 HTTP 协议连接，如使用 XMLHttpRequest 或<iframe>和长轮询）应用程序提供一种通信机制。

5.2.3　XMPP

XMPP（Extensible Messaging and Presence Protocol，可扩展消息与状态协议）是目前主流的四种 IM（Instant Messaging，即时消息）协议之一。其他三种分别为即时信息和空间协议（IMPP）、空间和即时信息协议（PRIM）、针对即时通信和空间平衡扩充的进程开始协议 SIP（SIMPLE）。

XMPP 是基于可扩展标记语言（XML）的协议，可用于即时消息及在线现场探测，允许互联网客户向互联网上的其他任何客户发送即时消息，即使操作系统和浏览器不同。XMPP 是基于 TCP/IP 的应用层协议。

XMPP 定义了三个角色：客户端（Client）、服务器（Server）、网关（Gateway）。其通信能够在这三者的任意两个之间双向发生。

服务器同时承担客户端的信息记录、连接管理和信息的路由功能。

网关承担与异构即时通信系统的互联互通。

客户端利用 XMPP（基于 TCP/IP）访问 Server，传输的是 XML。

基本的网络形式是单客户端通过 TCP/IP 连接到单服务器，并在之上传输 XML。

XMPP 协议是公开的，由 JSF 开源社区组织开发。XMPP 协议不属于任何机构和个人，属于整个社区，从根本上保证了开放性。

XMPP 协议具有良好的扩展性。即时消息和到场信息都是基于 XML 的结构化信息，并以 XML 节（XML Stanza）的形式在通信实体间交换。XMPP 协议发挥了 XML 结构化数据通用传输层的作用，可使数据以极高的速率传送给最合适的资源。基于 XML 建立起来的应用具有良好的语义完整性和扩展性。

XMPP 协议基于 C/S 架构，其本身没有这样的限制，网络架构和电子邮件十分相似，没有结合任何特定的网络架构，适用范围非常广泛。

XMPP 协议具有很好的弹性，除了可用在即时通信的应用程序，还可用在网络管理、内容供稿、协同工具、档案共享、游戏、远端系统监控等。

XMPP 协议在 Client-to-Server 通信和 Server-to-Server 通信中都使用 TLS（Transport Layer Security）协议作为通信通道的加密方法，可保证通信的安全。任何 XMPP 服务器都可以独立于公众 XMPP 网络（如在企业内部网络中），使用 SASL 和 TLS 等技术更加增强了通信的安全性。

5.2.4　CoAP

CoAP（Constrained Application Protocol）是受限制应用协议的代名词。专家预测会有更多的设备相互连接。设备的数量将远超人类的数量。在这种大背景下，物联网和 M2M 技术应运而生。虽然对人类而言，接入互联网显得方便容易，但是对于那些微型设备而言，接入互联网非常困难。

在当前由 PC 组成的世界，信息交换是通过 TCP 和应用层协议 HTTP 实现的。对于小型设备而言，实现 TCP 和 HTTP 协议显然是一个过分的要求。为了让小型设备可以接入互联网，CoAP 协议被提出。CoAP 是一种应用层协议，虽运行在 UDP 协议之上，但不像 HTTP 协议那样运行在 TCP 之上。CoAP 协议非常小巧，最小的数据包仅有 4 个字节。

CoAP 协议并不能替代 HTTP 协议。对于小型设备（256KB Flash、32KB RAM、20MHz 主频），CoAP 协议的确是一个好的解决方案。

CoAP 协议共有 4 种不同的消息类型：

- CON——需要被确认的请求，如果 CON 请求被发送，那么对方必须做出响应。
- NON——不需要被确认的请求，如果 NON 请求被发送，那么对方不必做出响应。
- ACK——应答消息。
- RST——复位消息，当接收者接收到的消息包含一个错误时，接收者会解析消息或不再关心发送者发送的消息，复位消息会被发送。

 CoAP 的 URL

一个 CoAP 资源可以用一个 URI 描述，如一个设备可以用于测量温度，那么这个设备用 URI 描述为 CoAP://machine.address:5683/sensors/temperature。请注意，CoAP 默认的 UDP 端口号为 5683。

CoAP 观察模式

在物联网世界，若需要监控某个传感器，如温度传感器或湿度传感器，则 CoAP 客户端可以发送一个观察请求到服务器端，从该时间点开始计算，服务器端便会记住客户端的连接信息，一旦温度或湿度发生变化，服务器端便会把新信息发送至客户端。如果客户端不再希望获得温度或湿度监控信息，则发送一个 RST 复位请求，服务器端便会清除与客户端的连接信息。

 CoAP 块传输

CoAP 协议的特点是传输的内容小巧精简，若在某些情况下不得不传输较大的数据，则可以使用 CoAP 协议中的某个选项设定分块传输的大小，无论服务器端还是客户端，都可完成分块和组装这两个动作。

5.2.5 MQTT

MQTT（消息队列遥测传输）是基于 TCP/IP 协议栈构建的，已成为 IoT 通信的标准。

MQTT 由 IBM 于 20 世纪 90 年代后期提出，最初的用途是将石油管道上的传感器与卫星链接。顾名思义，MQTT 是一种支持在各方之间进行异步通信的消息协议，可在空间和时间上将发送者与接收者分离，可以在不可靠的网络环境中扩展。虽然 MQTT 被称为消息队列遥测传输，但与消息队列毫无关系，是使用一个发布和订阅消息模式。2014 年末，MQTT 正式成为一种 OASIS 开放标准，可应用于一些流行的编程语言（通过使用多种开源实现）。

MQTT 是一种轻量级的、灵活的网络协议，致力于为 IoT 开发人员实现适当的平衡：

- 可在严重受限的设备硬件和高延迟/带宽有限的网络上实现。
- 具有的灵活性可用于为 IoT 设备和服务的多样化应用场景提供支持。

MQTT 是为大量计算能力有限，且工作在低带宽、不可靠网络的远程传感器和控制设备通信设计的，主要特性如下：

- 使用发布/订阅消息模式提供一对多的消息发布，可解除应用程序耦合。
- 对负载内容屏蔽的消息传输。
- 使用 TCP/IP 提供网络连接。
- 有三种消息发布服务质量：

至多一次，消息发布完全依赖底层 TCP/IP 网络，消息会丢失或重复，可用于环境传感器的数据传输，丢失一次记录无所谓，不久后还会发送第二次；

至少一次，确保消息到达，消息可能会重复发送；

只有一次，确保消息到达一次，在计费系统中，消息重复或丢失会导致不正确的结果。

- 小型传输，开销很小（固定长度的头部是 2 个字节），协议交换最小化，以降低网络流量。

- 使用 Last Will 和 Testament 特性通知有关各方客户端异常中断的机制。

5.3　硬件

物联网应用的一大特征就是包含大量的硬件设备，如传感器、处理器、存储器、通信模块等。这些硬件设备的设计必须满足物联网的应用特征，如体积小、功耗低、价格便宜等。

本书所涉及的硬件设备如下：

- 传感器，包含空气温湿度传感器、土壤湿度传感器、光照强度传感器、人体红外传感器、雨滴传感器、水位传感器等。

- 单片机，在项目实战中，使用 STM32 单片机的 TPYBoard 作为终端设备的核心板。

- 树莓派，在项目实战中，采用树莓派作为网关，用到树莓派的 ARM 处理器、TF 卡存储、Wi-Fi 通信模块等。

- LoRa 模块，在项目实战中，网关与终端之间采用 LoRa 模块通信。

- 2G 模块，网关搭载 2G 模块通过移动网络与后台服务器通信，通过 2G 模块打电话与发短信的功能实现报警等。

- 其他还有舵机、水泵、LED 灯等。

虽然这些硬件设备只是真实世界中非常小的一部分，但是从种类上来讲还是比较丰富的。读者通过对这些硬件设备的熟悉可以对物联网硬件设备有一定的了解。

5.4　物联网云平台

下面将介绍市面上最为常用的几种物联网云平台。

5.4.1　OneNet

OneNet 是中移物联网有限公司自主研发的开放、共赢平台，是各种跨平台物联网应用、行业的解决方案，可提供简便的云端接入、存储、计算和展现。

OneNet 可为各个业务平台提供接入、传输、存储和展现等基础设施，降低了开发成本。

OneNet 的业务架构：

- 可提供多元化的 API、完善的开发工具及众多的合作伙伴，帮助物联网应用开发商快速打造产品。

- 专业的团队可提供 7×24 小时持续、安全、稳定的运营服务，架构可扩展，可帮助客户解决海量接入难题。

- 设备的接入只是开始，通过对应用、设备、数据及客户的持续运营，应用开发商能挖掘更多的商机，激发无限的可能。

OneNet 的功能：

- 设备资源管理，可实现设备的创建、激活、鉴权、修改、下线等整个生命周期的管理，提供设备、数据流、数据点、传感器及 API-KEY 的增、删、查、改。

- 数据服务，可实现时间序列化数据的归档及获取。

- 事件告警，可对数据流上的数据点进行实时监控、告警规则设置、告警通知等。

- 消息总线，实时消息传输、路由，可解决设备控制命令下行及实时通知消息的推送。

- 各种接入协议支持，提供常用的 RESTful API 接口、Socket 接口及对 MQTT、Modbus 协议等的接入支持。

OneNet 的特点：

- 无限选择的开放平台。OneNet 支持创建产品和解决方案所需要的多种软件和硬件的组合及多种语言和平台，包括 Object C、C、Java、JavaScript、Ruby 等。API 支持灵活的 JSON 数据格式。

- 端到端的安全。OneNet 具有终端到终端的安全性，可确保产品/解决方案的完整性，安全配置可确保设备的控制，行业标准的对称数据加密（TLS，SSL）保护通信通道，细粒度权限管理（API 密钥）可确保正确的人在正确的时间进行正确的访问。OneNet 的私有云基础架构可确保任何时候的数据安全。

- 简单、轻松的开发体验。OneNet 开发中心通过文档、教程、视频和编程案例帮助客户学习，削减开发时间，直观的、基于 Web 的工具可简化物联网应用开发的复杂性，可提供交互式连接产品的开发、调试工具，包括实时的 HTTP 消息监视、API 请求构造者、使用跟踪和可视化等。

- 选择性的数据共享。OneNet 允许设置其他应用程序访问设备的数据和控制权限，可以选择与全世界共享数据，也可以选择仅仅在私有系统中分享数据。一旦发布，则连接的产品将成为连接对象云的一部分，通过 OneNet 的共享功能，可以有选择性地连接第三方设备，将应用和服务整合到一个解决方案中。

- 全互联的基础设施。OneNet 建立在中国移动大网环境下，提供全国性的互联基础设施，大量的投入可保障海量设备的接入和容灾，专业的开发和运营团队可保障 7×24 小时稳定运营。

- 实时消息总线。OneNet 提供了多种通信方式，根据业务的规模和需求，实时消息总线可利用 Sockets 和 REST API 提供同步和异步通信方式。

- 覆盖设备整个生命周期的管理。OneNet 可提供设备的注册、鉴权、接入、激活、删除等整个生命周期的管理及便捷的大规模部署和实时数据监控。
- 灵活的数据服务。高性能、时间序列的数据库使存储和检索数据点非常容易，利用触发器，更多高级的监控、告警机制可以在设备和应用程序间实现。

5.4.2　AWS IoT

AWS IoT 是一个全托管的云平台，可使互联设备轻松安全地与云应用程序和其他设备交互。AWS IoT 支持数十亿个设备和数万亿条消息，可对消息进行处理，并将消息安全可靠地路由至 AWS 终端节点和其他设备。

AWS IoT 支持设备连接到 AWS 服务和其他设备，可保证数据和交互的安全，处理设备数据并对其执行操作，支持应用程序与即便处于离线状态的设备进行交互。

 连接并管理设备

AWS IoT 可以轻松地将设备连接至云和其他设备，支持 HTTP、WebSockets 和 MQTT，可最大限度地减少代码在设备上占用的空间，降低带宽要求。

 保护设备连接和数据

AWS IoT 会在所有的连接点提供身份验证和端到端的加密服务，不会在没有可靠标识的情况下，在设备和 AWS IoT 之间交换数据，可以通过应用具有详细权限的政策保护对设备和应用程序的访问权限。

 处理设备数据

AWS IoT 可以按照定义的业务规则快速筛选、转换和处理设备数据，可以随时更新规则以实施新设备和应用程序功能。

 随时读取和设置设备状态

AWS IoT 会保存设备的最新状态，以便能够随时读取或设置，使设备对应用程序来说似乎始终处于在线状态，表示应用程序可以读取设备的状态（即使已断开连接），并且允许设置设备状态，以及在设备重新连接后实施该状态。

5.4.3　Waston IoT

Watson IoT 既可以提供云服务，也可以提供客户专有服务（On-Premise）。

概括下来，Watson IoT 具有如下特性：

- 设备注册：提供百万级设备的注册，设备、网关和应用通过 MQTT 和 Waston IoT 直接连接。
- 网关支持：支持其他设备通过网关接入。
- 设备管理：设备全生命周期的管理。
- 第三方服务接入：基于 Service Broker，支持第三方服务开放接入历史数据管理，以 JSON 格式记录设备生成的所有数据。
- 设备当前瞬时数据管理：提供 API，给定 Event-ID，返回设备当前瞬时数据信息。

第6章
MicroPython 开发物联网终端

在大多数的物联网应用中，终端设备的数量往往是最大的。共享单车作为典型的物联网应用之一，扮演着整个系统终端设备的角色，数量众多，遍布大街小巷。

物联网终端设备从大的方面可以粗略分为两个部分：

- 具有物联网特性的嵌入式系统；

- 与行业相结合的产品。

以共享单车为例，物联网终端设备由两部分构成：

- 物联网系统：单片机、GPS 模块、2G 通信模块、蓝牙模块、电源模块（太阳能电池板）等。

- 行业产品：单车车体、车锁（机械结构）。

共享单车可以看作由物联网系统和行业产品两部分组成。其中，物联网系统的控制和运算核心是单片机。单片机又称微控制器或 MCU，包含 CPU、ROM、RAM。一个单片机芯片相当于一台集成了 CPU、内存、硬盘的小型计算机。单片机在物联网终端设备中相当于大脑。此外，物联网系统还包含用于定位的 GPS 模块、用于和后台服务器通信的 2G 通信模块、用于和手机近场通信的蓝牙模块及为物联网系统供电的电源模块。行业产品由单车车体和电子车锁构成。本书主要的关注点是物联网系统这一部分。

物联网系统的主要功能是基于现有的行业产品，增加具有物联网特性的控制系统，给行业产品带来新的功能，赋予传统行业产品更加智能的色彩。物联网系统的主要工作是采集真实世界的数据、实现终端设备与后台的通信、进行简单的运算和逻辑处理、与行业产品产生关联、驱动机械结构实现电子和机械互通等。由于大多数终端设备的程序逻辑比较简单，因此对处理器的运算能力通常要求不高。终端设备主要通过 MCU 的 I/O 接口和外设与行业产品对接，MCU 的 I/O 接口种类越丰富、数量越多，越能与更多种类的行业产品对接。另外，由于终端设备的应用场景、部署方式具有很强的多样性，因此物联网系统的功耗变得极其重要。

既然单片机是物联网系统的核心，那么归根结底，物联网系统的开发主要就是针对单片机的开发。传统的单片机开发语言是 C 语言和汇编语言。

本章将详细介绍 MicroPython 单片机的开发方法，包含 MicroPython 项目背景概述，配套的开发板介绍，交互式解释器的使用，GPIO、SPI、I²C、PWM、UART 等常用单片机接口的操作，以及源代码编译、固件升级、出厂设置、多线程编程等。这些都是通用的基础知识，在项目实战章节的终端部分将讲述具体的传感器、模块和程序的设计和开发。

6.1　MicroPython 简介

MicroPython 即 Python for Microcontroller，意为运行在单片机上的 Python，由剑桥大学理论物理学家 Damien George 设计。Damien 除了是物理学家，还是一名计算机工程师。他几乎每天都要使用 Python 工作，同时也开发一些有关机器人的项目。有一天，他突然冒出了一个想法：能否用 Python 控制单片机实现对机器人的操控呢？

Python 是一款比较容易上手的脚本语言，有强大的社区支持，在一些非计算机领域都选它作为入门语言，遗憾的是，因为当时 Python 还不能实现一些底层的操控，所以在硬件领域并不起眼。

Damien 为了突破这种限制，花费了 6 个月的时间打造了 MicroPython。MicroPython 基于 ANSI C，语法与 Python 3 基本一致，拥有自己的解析器、编译器、虚拟机和类库等。借助 MicroPython，用户完全可以通过 Python 实现硬件底层的访问和控制，如控制 LED 灯、LCD 显示器、读取电压、控制电机、访问 SD 卡等。

6.1.1　MicroPython 项目

自 Damien George 将 Python 移植到 ARM Cortex M 微处理器上，打造了 MicroPython，并开发了配套的开发板以来，MicroPython 社区非常活跃，发展迅速，截至目前，最新版本已经迭代到了 1.9。

MicroPython 项目在 GitHub 上开源，目前已有 5400+星，贡献值超过 180 位。

单片机通过搭载各种传感器，加上 ZigBee、LoRa、NB-IoT、2G、4G 等通信模块，组成了物联网终端设备的典型产品形态。有了 MicroPython 提供的便利的硬件访问能力、丰富的类库、高效的开发效率、稳定性、跨平台性，Python 正在逐步成为物联网终端设备的开发利器之一。

6.1.2　MicroPython 特点

MicroPython 运行在单片机上，由于单片机的存储空间和运行空间非常有限，因此采取了很多优化措施，使优化之后的 MicroPython 比原生的 Python2 和 Python3 快了几个数量级。

MicroPython 的特点如下：

● Python3 语法；

- 完整的 Python 词法分析器、解析器、编译器、虚拟机和运行时；

- 包含命令行接口，可离线运行；

- Python 字节码由内置虚拟机编译运行；

- 有效的内部存储算法，能带来高效的内存利用率，整数变量存储在内存堆中而不是栈中；

- 使用 Python Decorators 特性函数可以编译成原生机器码，虽然会带来大约 2 倍的内存消耗，但使 Python 有了更快的执行速度；

- 函数编译可使用底层整数代替 Python 内建对象作为数字，有些代码的运行效率可以媲美 C 语言，并且可以被 Python 直接调用，适于时间紧迫性、运算复杂度高的应用；

- 通过内联汇编功能，应用可以完全接入底层运行时，内联汇编器可以像普通的 Python 函数一样被调用；

- 基于简单和快速标记的内存垃圾回收算法，运行周期小于 4ms，许多函数都可以避免使用栈内存段，不需要垃圾回收功能。

6.1.3　MicroPython 源代码

通过 GitHub 的网址可以看到 MicroPython 的所有源代码。

MicroPython 的核心组件有：

- py/——Python 核心实现，包含编译器、运行时和核心库；

- mpy-cross/——MicroPython 的交叉编译器，用于将脚本转化成预编译的字节码；

- ports/unix/——用于 Unix 平台的 MicroPython 版本；

- ports/stm32/——运行在 STM32 单片机上的 MicroPython 版本，使用 ST 的 Cube HAL 驱动；

- ports/minimal/——MicroPython 接口的最小模块，如果想要将 MicroPython 移植到其他单片机平台，则需要基于该模块进行扩展；

- tests/——存放测试框架和测试脚本的目录；

- docs/——Sphinx 格式的用户文档，渲染成 HTML 格式后，可以通过相关网址查看。

其他一些目录的含义如下：

- ports/bare-arm/——针对 ARM 单片机的 MicroPython 基础版；

- ports/teensy/——运行在 Teensy 3.1 上的 MicroPython 版本；

- ports/pic16bit/——运行在 16 位 PIC 单片机上的 MicroPython 版本；

- ports/cc3200/——运行在 TI CC3200 上的 MicroPython 版本；

- ports/esp8266/——在 ESP8266 Wi-Fi 模块上运行的 MicroPython 版本；

- extmod/——附加（非核心）的 C 语言实现；

- tools/——包含多个有用的工具，如 dfu 工具和 PYBoard.py 模块；

- examples/——存放一些 MicroPython 的使用示例代码。

6.2　MicroPython 开发板

　　MicroPython 主要用于单片机的编程，使用时需要硬件的支持。MicroPython 在发布之初就配套了相应的开发板，以方便开发者学习。随着 MicroPython 的发展及社区的壮大，除了官方提供的基本开发板，还涌现了多个功能丰富、应用领域多样的开发板。下面将介绍几款最常用的 MicroPython 开发板。开发者可以从众多的开发板中任意选择，可更加深入了解 MicroPython 的基础编程及不同业务方向的应用。

6.2.1　PYBoard 开发板

　　MicroPython 的官方开发板为 PYBoard，已经有 PYBv1.0 和 PYBv1.1 两个版本。PYBv1.1 开发板又被称为 MicroPython 的初型，采用 STM32F405 作为 MCU，1024KiB Flash ROM，192KiB RAM，带有一个 TF 卡插槽，实物外形如图 6.1 所示。

图 6.1　PYBv1.1 开发板的实物外形

PYBv1.1 开发板的引脚分布及说明如图 6.2 所示。

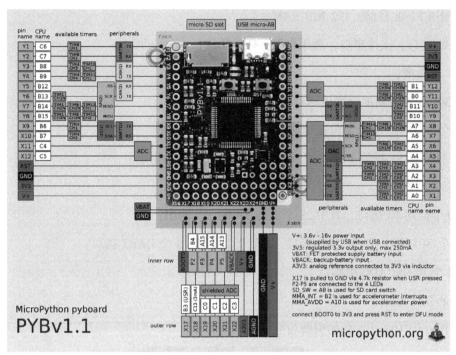

图 6.2　PYBv1.1 开发板的引脚分布及说明

6.2.2　TPYBoard 开发板

TPYBoard 是国内最早支持 MicroPython 的专用开发板，以遵照 MIT 许可的 MicroPython 为基础，由 TurnipSmart 公司制作。除了基础核心板，该公司还提供了可通过有线和 Wi-Fi 上网的开发板，以及搭载 2G 模块的可移动上网的开发板，并发布了较为完整的 MicroPython 中文文档和实例教程。

 基础核心板：TPYBoard V102

TPYBoard V102 基于 STM32F405 单片机，使用 ARM Cortex-M4 核，最大主频为 168MHz，192KiB RAM，1M Flash，通过 USB 接口进行数据传输，内置 4 个 LED 灯、1 个加速传感器，可在 3～10V 之间正常工作；提供了 GPIO（30）、SPI（2）、CAN（2）、I2C（2）、USART（5）、ADC（12）、DAC（12）、SWD（1），支持最大 8G TF 卡。TPYBoard 可以通过 Python 代码轻松控制单片机的各种外设，支持 Python3.0 及以上版本，支持重力加速度传感器，支持上百个周边外设配件，支持 SWD 下载（烧写）固件。

本书将基于 TPYBoard V102 讲述 MicroPython 的基础编程方法，同时在项目实战中也用 TPYBoard V102 作为终端设备的核心板。

TPYBoard V102 的具体规格如下：

- STM32F405RG MCU，32 位 Cortex-M4 CPU，主频为 168MHz；

- 1 MiB Flash 存储，192 KiB RAM；

- USB 接口，支持串口，通用存储，HID 协议；

- TF 卡插槽；

- MMA7660 三轴加速度传感器；

- 4 个 LED 灯，1 个复位按键，1 个通用按键；

- 3.3V、0.3A 板载 LDO，可从 USB 接口或外置电池供电；

- 实时时钟；

- 30 个通用 IO 接口，其中 28 个支持 5V 输入、输出；

- 2 个 SPI 接口，2 个 CAN 接口，2 个 I^2C 接口，5 个 UART 接口；

- 14 个 12-bit ADC 引脚；

- 2 个 DAC 引脚。

TPYBoard V102 开发板的引脚功能如图 6.3 所示。

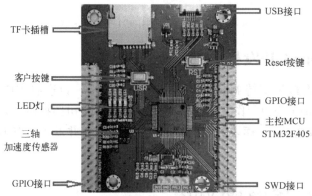

TF卡插槽　　　　　　　　　　　　　　　　　　　USB接口

客户按键　　　　　　　　　　　　　　　　　　　Reset按键

LED灯　　　　　　　　　　　　　　　　　　　GPIO接口

三轴　　　　　　　　　　　　　　　　　　　　主控MCU
加速度传感器　　　　　　　　　　　　　　　　STM32F405

GPIO接口　　　　　　　　　　　　　　　　　　SWD接口

图 6.3　TPYBoard V102 开发板的引脚功能

TPYBoard V102 开发板的引脚功能说明如图 6.4 所示。

 有线上网开发板：TPYBoard V201

TPYBoard V201 在基础核心板 TPYBoard V102 的基础上增加了以太网转串口模块，可以通过有线网络接入互联网，除此之外，与 TPYBoard V102 的配置几乎一样，如图 6.5 所示。

 Wi-Fi 上网开发板：TPYBoard V202

TPYBoard V202 基于 ESP8266，主频为 80MHz，内置低功率 32 位 CPU，可以兼作应用处理器，支持 802.11 b/g/n 无线协议，支持 STA/AP/STA+AP 三种工作模式，内置 TCP/IP 协议栈，具体规格如下：

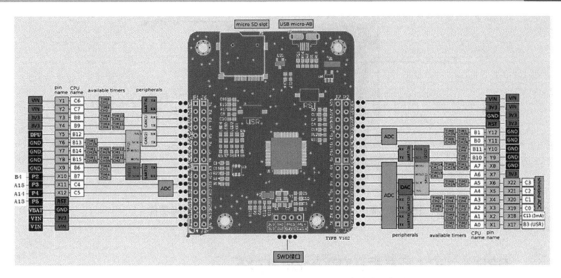

图 6.4　TPYBoard V102 开发板的引脚功能说明

图 6.5　TPYBoard V201 开发板的实物外形

- 以 ESP8266_12E 为主控 MCU；
- USB 接口；
- 2 个按键；
- 一个板载蓝色 LED 灯；
- 16 个通用 IO 接口，1 个 SPI 接口，1 个 I²C 接口，1 个 ADC 接口，1 个 UART 接口。

Wi-Fi 上网开发板 TPYBoard V202 的引脚功能如图 6.6 所示。

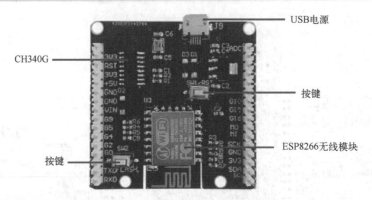

图 6.6　Wi-Fi 上网开发板 TPYBoard V202 的引脚功能

 GPRS、GPS 开发板：TPYBoard V702

TPYBoard V702 基于 STM32F405 单片机，具有屏幕显示和 GPS 定位及移动上网功能，是 TPYBoard V102 的增强版，相对 TPYBoard V102 来说增加了如下模块：

- 1 个 GU620 通信定位模块；
- 1 个光敏传感系统；
- 1 个蜂鸣器；
- 1 个温湿度传感器；
- 1 个 LCD5110 显示屏。

GPRS、GPS 开发板 TPYBoard V702 的引脚功能如图 6.7 所示，引脚说明如图 6.8 所示。

图 6.7　GPRS、GPS 开发板 TPYBoard V702 的引脚功能

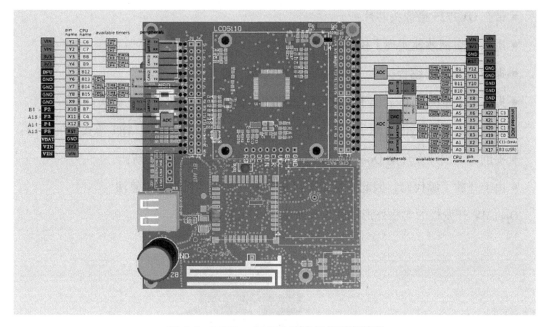

图 6.8　TPYBoard V702 开发板的引脚说明

6.2.3　OpenMV 开发板

OpenMV 是一个开源、低成本、功能强大、基于 MicroPython 开源机器视觉的开发板，以 STM32F427 MCU 为核心，集成 OV7725 摄像头芯片，在小巧的硬件模块上实现了核心机器视觉算法，提供了 Python 编程接口。

OpenMV 开发板上的机器视觉算法包括寻找色块、人脸检测、眼球跟踪、边缘检测、标识跟踪等，可以用来实现非法入侵检测、产品的残次品筛选、跟踪固定的标识物等。开发者仅需要写一些简单的 Python 代码，即可轻松完成各种机器视觉的相关任务。

OpenMV 开发板采用的 STM32F427 拥有丰富的硬件资源，包含多个 UART、I²C、SPI、PWM、ADC、DAC、GPIO 等接口，方便扩展外围功能，可以很灵活地与其他流行模块配合，如 Arduino、树莓派等实现复杂的功能。USB 接口用于连接计算机上的集成开发环境 OpenMVIDE，协助完成编程、调试和更新固件等工作。TF 卡插槽支持大容量的 TF 卡，可用于存放程序和保存照片等。

OpenMV 开发板的特征如下：

- 一个小巧的机器视觉模块；
- 目标是做"带机器视觉功能的 Arduino"；
- 适于机器人、智能车及其他机器视觉的应用；
- 软件、硬件完全开源；
- 基于 STM32F4 系列单片机，高效、低功耗；

- 带有 OV7725 摄像头芯片；
- 用 C 语言高效地实现了核心机器视觉算法；
- 提供了 Python 编程接口，不需要 C 语言知识，便于开发；
- 提供了大量的 Python 例子，演示了如何使用板上提供的机器视觉算法；
- 提供了大量的 Python 例子，演示了 GPIO、I^2C、SPI、PWM、UART 等接口的使用；
- 提供了集成开发环境 OpenMV IDE，方便开发、调试及固件更新；
- 由于开放了源代码，因此开发者可以自己改进和增加机器视觉算法。

OpenMV 开发板的实物外形如图 6.9 所示。

图 6.9　OpenMV 开发板的实物外形

6.2.4　LoPy 开发板

LoPy 是基于 MicroPython 支持 LoRa、Wi-Fi 和 BLE 等三种无线方式的开发板，可用于微型无线网关、报警器、机器人控制等，支持 Arduino IDE、Pymakr IDE 及 Microsoft Azure 的云服务。

LoPy 开发板的规格如下：

- 160MHz 双核处理器，400KB RAM，1MB Flash；
- 可扩展 4MB Flash；
- 网络：

- 802.11b/g/n，16Mb/s WEP，WPA/WPA2 加密，支持 SSL/TLS、AES 加密引擎；

- 标准蓝牙和低功耗蓝牙；

- 支持 Semtech LoRa SX1272，终端通信距离可达 40km，Nano 网关通信距离可达 5km；

- 内置天线；

- 24 个 GPIO 接口，2 个 SPI、I²C、UART 接口，带有 DMA 和 I²S 接口；

- 带有 16 位和 32 位定时器的 PWM；

- 12 位 ADC 和 8 位 DAC；

- 3.3~5.5V 供电；

- 带有 RTC。

LoPy、WiPy 及 LoPy 扩展板的实物外形如图 6.10 所示。

图 6.10　LoPy、WiPy 及 LoPy 扩展板的实物外形

6.3　第一个 MicroPython 程序

初始状态的 TPYBoard V102 开发板已经下载了固件，使用 USB 线与 PC 连接，TPYBoard V102 开发板的 Flash 会被 PC 识别为一个 U 盘，如图 6.11 所示。

此电脑 > TPYBFLASH (E:)			
名称 ^	修改日期	类型	大小
boot.py	2000/1/1 ...	Python File	1 KB
main.py	2017/5/1...	Python File	1 KB
README.txt	2000/1/1 ...	文本文档	1 KB
tpybcdc.inf	2000/1/1 ...	安装信息	3 KB

图 6.11　TPYBoard V102 开发板包含的 MicroPython 文件

TPYBoard V102 开发板包含下列 4 个文件：

- **boot. py** ——开发板启动时执行的脚本，设置了开发板的一系列参数；
- **main. py** ——Python 程序脚本，相当于单片机 C 语言开发中 main 函数所在的 C 文件，在 boot. py 后执行；
- **README. txt** ——开发板说明文件；
- **tpybcdc. inf** ——支持串口访问 TPYBoard Python 解释器终端的配置文件。

使用任何文本编辑工具都可以打开 main. py 文件，输入以下代码，保存，即

```
import pyb
pyb.LED(4).on( )
```

代码功能是点亮开发板上的第 4 个蓝色 LED 灯，像退出 U 盘那样，可安全退出开发板映射在 PC 的盘符。按下开发板上的 Reset 按键重启，main. py 中的代码将被执行，蓝色 LED 灯常亮。不出意外的话，可看到如图 6.12 所示的效果。

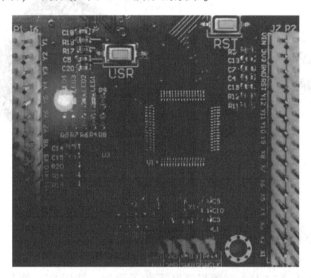

图 6.12 点亮第 4 个蓝色 LED 灯的效果

回顾程序的实现过程，仅通过文本编辑器打开 main. py 文件，用两行代码就实现了点亮 LED 灯的功能。

对比常规使用 C 语言开发的 STM32 单片机方式，使用 MicroPython 有很多不同之处：

- 不需要安装 IDE；
- 不需要配置 ST-LINK；
- 不需要编译代码生成可执行文件；
- 不需要借助 ST-LINK 下载可执行文件。

相对传统 C 语言开发方式可能频繁遇到的 IDE 安装问题、ST-LINK 配置问题、ST-LINK连接问题，Python 的开发方式非常简单，像访问 U 盘中的文件一样，不需要安装和配置复杂的 IDE，使用任何文本编辑器都可编写代码且不需要编译，同时不依赖下载工具，直接保存、重启即可，减少了很多工序。暂不说 Python 语言本身相比 C 语言的开发效率，单从开发过程的难易程度来讲，Python 都是非常具有优势的。使用 MicroPython 开发单片机能够避免一些不必要的安装、配置、编译、连接、下载等流程，可将精力集中在代码的编写上，大大提升了开发效率。

6.4　交互式解释器

众所周知，使用 REPL（交互式解释器）编写、运行 Python 代码非常方便，MicroPython 支持用户和开发板的交互式连接，使用 USB 转 TTL 可将 TPYBoard V102 开发板与 STM32 MCU 的 UART 连接起来。

通过 USB 线将 PC 和 TPYBoard V102 开发板连接起来，在 PC 的设备管理器中找到 TPYBoard V102 开发板对应的设备信息及端口号，如图 6.13 所示。

图 6.13　TPYBoard V102 开发板的端口号

使用 Putty 登录 TPYBoard V102 开发板之前的设置，如图 6.14 所示。

图 6.14　使用 Putty 登录 TPYBoard V102 开发板之前的设置

MicroPython 交互式解释器窗口如图 6.15 所示。

```
COM3 - PuTTY                                        −   □   ×
MicroPython v1.8.2 on 2017-02-17; TPYBv102 with STM32F405RG
Type "help()" for more information.
>>>
```

图 6.15 MicroPython 交互式解释器窗口

 使用交互式解释器

在交互式解释器中键入 help() 命令，可以查看开发板提供的帮助信息：

```
>>> help()
Welcome to MicroPython!
For online help please visit http://micropython. org/help/.
Quick overview of commands for the board：
    pyb. info()      -- print some general information
    pyb. delay(n)    -- wait for n milliseconds
    pyb. millis()    -- get number of milliseconds since hard reset
    pyb. Switch()    -- create a switch object
                     Switch methods：(), callback(f)
    pyb. LED(n)      -- create an LED object for LED n (n=1,2,3,4)
                     LED methods：on(), off(), toggle(), intensity(<n>)
...
```

有了交互式解释器，就可以直接在解释器中编写代码，回车后，代码将实时执行，即

```
>>> x = 'hello MicroPython'
>>> print(x)
hello MicroPython
>>> 9 * 9
81
>>> 9/3
3. 0
>>> pyb. LED(1). on()
>>> pyb. LED(2). on()
>>> pyb. LED(3). on()
>>> pyb. LED(4). off()
```

逐行手动输入代码，体验一下 MicroPython 变量定义、打印、简单算术运算及点亮前 3 个 LED 灯、关闭第 4 个 LED 灯，观察开发板的反应。

除了直接在终端键入代码，还有另外一种程序运行方式，即在交互式解释器中输入

execfile('main. py')，回车，开发板会立即执行 main. py 文件。

 快捷键

MicroPython 交互式解释器提供了一系列快捷键，方便用户对开发板的操作：

- CTRL-A——在空命令行下，进入原始 REPL 交互模式；
- CTRL-B——在空命令行下，回到正常 REPL 交互模式；
- CTRL-C——中断当前运行的程序；
- CTRL-D——执行开发板的软复位；
- CTRL-E——在空命令行下，进入粘贴模式。

比如，可以通过按下开发板上的 Reset 按键进行复位，按下快捷键 Ctrl+D/d 进行软复位，复位之后，开发板将重启，执行 main. py 程序，开发板的状态是第 4 个 LED 灯，即蓝色 LED 灯常亮，因为当前 main. py 中的代码功能是蓝色 LED 灯常亮。

6.5　按键中断与回调

TPYBoard V102 开发板上的 USR 键为用户按键，可以自定义按键触发的事件，想要使用 USR 键，则首先需要定义对象，即

```
>>> import pyb
>>> usr_key = pyb. Switch( )
```

通过 usr_key 对象可以获得 USR 键的状态：

```
>>> usr_key( )
False
```

当 USR 键被按下时，状态为 True，否则为 False，产生一个中断，此时 MCU 将跳转执行中断函数，MicroPython 为其提供回调函数用于定义被中断触发的事件，即

```
>>> usr_key. callback(lambda:print('USR KEY is pressed! '))
>>>
```

以上代码通过回调函数定义了 USR 键的中断触发事件，即打印 USR KEY is pressed! 信息，此时尝试按下 USR 键，不出意外的话，在 MicroPython 交互式解释器中将显示如下信息：

```
>>> usr_key. callback(lambda:print('USR KEY is pressed! '))
>>> USR KEY is pressed!
USR KEY is pressed!
```

除了在交互式解释器中可体验按键中断，还可以通过以下代码修改 main. py 进行测试，即

```
import pyb
usr_key = pyb. Switch()
def usr_callback_func():
pyb. LED(4). toggle()
pyb. delay(2000)

usr_key. callback(usr_callback_func)

def led3_disco_func():
leds = [pyb. LED(i) for i in range(1,4)]
n = 0
while True：
    n = (n + 1) % 3
    leds[n]. toggle()
    pyb. delay(50)

led3_disco_func()
```

以上代码定义了 USR 键回调函数功能为第 4 个 LED 灯状态翻转并且延时 2 秒，同时定义了前 3 个 LED 灯跑马灯的函数。执行程序并尝试多次按下 USR 键，每次按下的间隔时间超过 2 秒，会发现 3 个 LED 灯停止跑马灯，第 4 个 LED 灯状态翻转，2 秒后，3 个 LED 灯跑马灯继续，每当 USR 键被按下，MCU 均产生中断，停止并记录当前程序执行的地点并跳转到中断（回调）函数，当中断函数执行完成后，MCU 会回到进入中断之前的程序地点继续执行。

同时发现，以上代码没有使用 lambda 表达式，而是定义了一个函数作为回调函数的参数，这样做的好处是中断触发事件可以更加丰富，代码逻辑更加清晰。需要注意的是，回调函数中不能有任何分配内存的定义。

6.6　定时器的使用

TPYBoard 开发板拥有 14 个可以运行用户自定义频率的独立计时值定时器，可用于特定时间间隔运行不同的函数。14 个定时器的编号为 1~14。其中，3 号定时器保留内部使用，5 号和 6 号定时器分别用于伺服系统和 ADC/DAC 控制，开发时尽可能避免使用这 3 个定时器。

创建定时器

创建定时器对象：

```
>>> tim = pyb. Timer(4)
```

程序中的 tim 对象与 4 号定时器连接，没被初始化，现在初始化为 10Hz 触发（每秒 10次），即

```
>>> tim.init(freq=10)
```

随着初始化的完成，定时器的相关内容可见：

```
>>> tim
Timer(4, prescaler=624, period=13439, mode=UP, div=1)
```

上述信息表明，4 号定时器的运行时钟来源于外部时钟的 624+1 分频，计数值为 0~13439，当到达时，触发中断后，计数值由 0 重新开始。这些设置的数值可使定时器的频率为 10Hz，2~7 号、12~14 号定时器的最高频率为 84MHz，1 号、8~11 号定时器的频率为 168MHz（频率可以通过 tim.source_freq() 函数查看），计算公式为 84MHz/625/13440=10Hz。

 更多定义方式

```
tim=Timer(1, freq=100)
tim=Timer(4, freq=200, callback=f)
```

 设置频率

```
tim.freq(100)
```

 定义回调函数（中断）

```
tim.callback(f)
```

 定时器回调

下面构造一个定时器被触发时便会执行的回调函数：

```
>>> tim.callback(lambda t:pyb.LED(1).toggle())
```

上述代码将开启 LED 灯的持续闪烁，频率为 5MHz（一次闪烁包含两个翻转，10Hz 的翻转频率可得到 5Hz 的闪烁）。

传递参数 None 可以关闭回调函数：

```
>>> tim. callback( None)
```

若以函数作为回调函数的参数，则程序代码为

```
import pyb
def f( t) :
    pyb. LED(1). toggle( )
tim = pyb. Timer(4, freq = 10, callback = f)
```

运行该程序，开发板的红色 LED 灯将以 5MHz 的频率闪烁。

 Timer 库说明

创建定时器：

```
class pyb. Timer( id, ...)
```

定时器初始化：

```
timer. init( * , freq, prescaler, period)
```

- freq——频率。

- prescaler——预分频，[0~0xffff]，定时器频率是系统时钟除以（prescaler + 1）。

- peroid——周期值（ARR）。1/3/4/6~15 号定时器是 [0~0xffff]，2 号和 5 号定时器是 [0~0x3fffffff]。

- mode——计数模式：

    Timer. UP——0~ARR（默认）；

    Timer. DOWN——ARR~0；

    Timer. CENTER——先 0~ARR，再到 0。

- div——用于数值滤波器采样时钟，为 1/2/4。

- callback——定义回调函数，与 Timer. callback( )功能相同。

- deadtime——死区时间，通道切换时的停止时间（两个通道都不会工作），deadtime 的测量是用 source_freq 除以 div，只对 1~8 号定时器有效，范围是 [0~1008]，有如下限制：

    0~128 in steps of 1；

    128~256 in steps of 2；

256~512 in steps of 8;

512~1008 in steps of 16。

禁止定时器，禁用回调函数，禁用任何定时器通道：

> timer. deinit( )

设置定时器回调函数：

> timer. callback(fun)

设置或获取定时器计数值：

> timer. counter([value])

设置或获取定时器频率：

> timer. freq([value])

设置或获取定时器周期：

> timer. period([value])

设置或获取定时器预分频：

> timer. prescaler([value])

获取定时器源频率（无预分频）：

> timer. source_freq( )

6.7 串口测试

串口在嵌入式设备中的使用频率很高，很多外设和模组均通过串口与 MCU 连接。TPY-Board 开发板提供了 5 个串口。

MicroPython 串口模块包含如下方法：

- uart. init （baudrate, bits = 8, parity = None, stop = 1, ＊, timeout = 1000, flow = None, timeout_char = 0, read_buf_len = 64）：串口初始化：

baudrate：波特率；

bits：数据位，7/8/9；

parity：校验，None, 0（even）或者 1（odd）；

stop：停止位，1/2；

flow：流控，可以是 None，UART. RTS，UART. CTS or UART. RTS | UART. CTS；

timeout：读取一个字节超时时间；

timeout_char：两个字节之间的超时时间；

read_buf_len：读缓存长度。

- uart. deinit( )：关闭串口。

- uart. any( )：返回缓冲区数据个数，大于 0 代表有数据。

- uart. writechar(char)：写入一个字节。

- uart. read([nbytes])：读取最多 nbytes 个字节。如果数据位是 9bit，那么一个数据占用两个字节，并且 nbytes 必须是偶数。

- uart. readall( )：读取所有数据。

- uart. readchar( )：读取一个字节。

- uart. readinto(buf[, nbytes])：

  buf：数据缓冲区；

  nbytes：最大读取数量。

- uart. readline( )：读取一行。

- uart. write(buf)：写入缓冲区，在 9bits 模式下，两个字节算一个数据。

- uart. sendbreak( )：往总线上发送停止状态，拉低总线 13bit 时间。

下面通过回环测试验证串口 4 的收发功能，即将 X1、X2 接口短接，在 REPL 中通过如下代码测试收发功能，即

```
>>> from pyb import UART
>>> u4 = UART(4,115200)
>>> u4. init( 115200, bits=8, parity=None, stop=1)
>>> u4. write('UART4 send&receive test')
23
>>> u4. readall( )
b'UART4 send&receive test'
>>>
```

首先导入 UART 模块，通过 UART(4,115200)定义串口 4，使用 init 初始化波特率为115200，数据位为 8，奇偶校验 None，停止位为 1。

执行 u4. write('UART4 send&receive test') 发送测试数据后，通过 u4. readall( )读取UART4 发送的数据，回环测试成功。

6.8　SPI 接口驱动显示屏

TPYBoard 开发板的核心是 STM32 单片机。单片机相当于集成 CPU、内存、硬盘的小型计算机。现在为这台小型计算机添加一个显示屏，即小型显示屏 LCD5110。

5110 是 84 * 48 点阵 LCD 显示屏，性价比高，接口简单，速度快，功耗低，非常适合电池供电的便携式终端设备。

6.8.1　硬件连接

使用 TPYBoard 开发板的 SPI1 接口驱动 LCD5110 显示屏，硬件连接如图 6.16 所示。

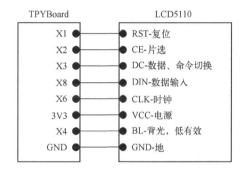

图 6.16　LCD5110 显示屏与 TPYBoard 开发板的硬件连接

6.8.2　显示屏驱动

LCD5110 显示屏的通信协议是一个没有 MISO、只有 MOSI 的 SPI 协议。SPI 协议可以通过 GPIO 模拟。现在直接使用 SPI1 接口驱动。

MicroPython 提供了 SPI 的 Python API。关于 SPI 的详细说明可以参考官网中的介绍。

LCD5110 显示屏有现成的驱动程序 upcd8544.py，代码片段为

```
#upcd8544.py
class PCD8544：
    def __init__(self, spi, rst, ce, dc, light, pwr=None)：
        # init the SPI bus and pins
        spi.init(spi.MASTER, baudrate=328125, bits=8, polarity=0, phase=1, firstbit=
spi.MSB)
        self.reset()
        ……

    def position(self, x, y)：
        ……
```

```python
    def data(self, arr):
        """ send bytes in data mode """
        self.bitmap(arr, 1)

    def bitmap(self, arr, dc):
        ......
        self.spi.write(buf)
        ......

    def lcd_write_string(self, string, x, y):
        self.position(x, y)
        for i in string:
            self.data(self.lcd_font.get_font6_8(i))


    def lcd_write_chinese(self, data, x, y):
        #获取 字 的 UTF8 码
        code = 0x00 #赋初值
        data_code = data.encode("UTF-8")
        code |= data_code[0]<<16
        code |= data_code[1]<<8
        code |= data_code[2]
        #获取 字 的 UTF8 码 END
        self.position(x, y)
        self.data(self.chinese.get_chinese_utf8(code, 0))
        self.position(x, y+1)
        self.data(self.chinese.get_chinese_utf8(code, 1))
```

首先调用 MicroPython 的 SPI init 函数进行 SPI 初始化，然后初始化 LCD5110，上电时，由于内部寄存器和 RAM 中的内容是不确定的，因此需要一个 RES 低电平脉冲复位，时序图如图 6.17 所示。

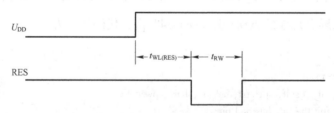

图 6.17　LCD5110 上电时序图

upcd8544.py 驱动程序提供了字符显示（lcd_write_string）和汉字显示（lcd_write_chinese）API，会调用 position 函数指定字符在 LCD5110 显示屏的位置。LCD5110 显示屏的横向有 84 个像素点，纵向有 6 个由 8 个像素点组成的区域，position 函数中，x 参数的范围为 $0\sim83$，y 参数的范围为 $0\sim5$。LCD5110 显示屏的像素点分布如图 6.18 所示。

除了指定的 position 函数，字符显示 API 还调用了 data 函数，data 函数调用 bitmap 函数，bitmap 函数通过调用 SPI 的 write() 接口将数据写入显示屏。

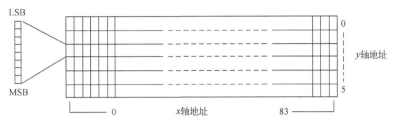

图 6.18　LCD5110 显示屏的像素点分布

6.8.3　字库说明

普通字库代码片段为

```
#font. py
class FONT6_8:
    """docstring for FONT6_8"""
    FONTTYPE6_8 = [
        [0x00, 0x7e, 0x11, 0x11, 0x11, 0x7e] # 41 A
        ,[0x00, 0x7f, 0x49, 0x49, 0x49, 0x36] # 42 B
        ,[0x00, 0x3e, 0x41, 0x41, 0x41, 0x22] # 43 C
        ,[0x00, 0x7f, 0x41, 0x41, 0x22, 0x1c] # 44 D
        ......
    ]

    def get_font6_8(self, data):
        return self. FONTTYPE6_8[bytearray(data)[0] - 0x20]
```

汉字库通过取模软件生成，代码为

```
#chinese. py
class CN_UTF8:
    """docstring for CN_UTF8"""
    UTF8_CHINESE = {
        0xe789a9:[
                    [0x40,0x3C,0x10,0xFF,0x10,0x10,0x20,0x10,0x8F,0x78,0x08,0xF8,
0x08,0xF8,0x00,0x00],
                    [0x02,0x06,0x02,0xFF,0x01,0x01,0x04,0x42,0x21,0x18,0x46,0x81,
0x40,0x3F,0x00,0x00]
                    ],#物
        0xe88194:[
                    [0x02,0xFE,0x92,0x92,0xFE,0x02,0x00,0x10,0x11,0x16,0xF0,0x14,
0x13,0x10,0x00,0x00],
                    [0x10,0x1F,0x08,0x08,0xFF,0x04,0x81,0x41,0x31,0x0D,0x03,0x0D,
0x31,0x41,0x81,0x00]
                    ],#联
        0xe7bd91:[
                    [0x00,0xFE,0x02,0x22,0x42,0x82,0x72,0x02,0x22,0x42,0x82,0x72,
0x02,0xFE,0x00,0x00],
```

```
                    [0x00,0xFF,0x10,0x08,0x06,0x01,0x0E,0x10,0x08,0x06,0x01,0x4E,
        0x80,0x7F,0x00,0x00]
                        ],#网
        }
    def get_chinese_utf8(self, key,isBottom = 0):
        values = self.UTF8_CHINESE[key]
        return values[isBottom]
```

汉字 UTF-8 编码查询代码为

http://www.mytju.com/classcode/tools/encode_utf8.asp

汉字取模工具代码为

http://download.csdn.net/download/messidona11/9840677

6.8.4 主程序

目前有了显示屏的驱动程序，也准备好了普通字库和汉字库，则主程序代码为

```
# main.py
import pyb
import upcd8544
from machine import SPI,Pin

def main():
    lcd_5110.lcd_write_string('MicroPython',10,1)

    lcd_5110.lcd_write_chinese("物",18,3)
    lcd_5110.lcd_write_chinese("联",34,3)
    lcd_5110.lcd_write_chinese("网",50,3)

    pyb.delay(1000)

if __name__ == '__main__':
    SPI = pyb.SPI(1) #DIN=>X8-MOSI/CLK=>X6-SCK
    RST     = pyb.Pin('X1')
    CE      = pyb.Pin('X2')
    DC      = pyb.Pin('X3')
    LIGHT   = pyb.Pin('X4')
    lcd_5110 = upcd8544.PCD8544(SPI, RST, CE, DC, LIGHT)
    while(1):
     main()
```

首先导入驱动 upcd8544、MicroPython 硬件库中的 SPI 和 Pin，然后定义 SPI 接口及其他 pin 脚，实例化 lcd 对象 lcd_5110，最后显示 MicroPython 字符和物联网三个汉字。

6.9　源代码编译与固件升级

在项目实战开发过程中，难免会遇到编译 MicroPython 源代码的情况，如当前固件损坏、固件版本升级、需要裁剪固件节省空间等。本节将介绍在 Linux 环境下编译 MicroPython 源代码并下载到 TPYBoard V102 开发板运行的流程。如果读者还没有安装 Linux 环境，请阅读第 2 章中的搭建开发环境。

6.9.1　准备编译环境

针对 TPYBoard 开发板编译 MicroPython，需要使用 arm-none-eabi 交叉编译器。首先在官网上下载 arm-none-eabi 安装包，安装包版本为 gcc-arm-none-eabi-5_4-2016q3-20160926-linux.tar.bz2。

 下载编译器

在 Linux 环境下通过 wget 命令下载，即

```
wget
https://launchpad.net/gcc-arm-embedded/5.0/5-2016-q3-update/+download/gcc-arm-none-eabi
-5_4-2016q3-20160926-linux.tar.bz2
```

 解压编译器

在 Linux 环境下解压，即

```
tar jxvf gcc-arm-none-eabi-5_4-2016q3-20160926-linux.tar.bz2
```

解压后，生成目录 gcc-arm-none-eabi-5_4-2016q3，编译器指令在 bin 目录中。

 配置编译器

将交叉编译器加入环境变量，在/etc/profile 文件末尾添加如下信息：

```
export PATH=/xxx/gcc-arm-none-eabi-5_4-2016q3/bin:$PATH
```

其中，xxx 为存放编译器的完整目录。

执行 source /etc/profile，环境变量的设置生效。

输入 arm-none-eabi-gcc -v 命令，验证编译器安装、设置结果，若成功返回编译器信息，则表示安装成功。

Centos GCC 版本约定

若在编译 mpy-cross 的过程中报错：py/objdict.c：473：error：dereferencing pointer 'o' does break strict-aliasing rules，则原因是编译器版本太低，应将 gcc 编译器升级到 4.8 版本。

升级步骤为

```
wget http://people.centos.org/tru/devtools-2/devtools-2.repo
mv devtools-2.repo /etc/yum.repos.d
yum install devtoolset-2-gcc devtoolset-2-binutils devtoolset-2-gcc-c++
```

安装之后，编译器指令路径为

```
/opt/rh/devtoolset-2/root/usr/bin
```

备份旧版本，为编译器建立新的软链接，即

```
mv /usr/bin/gcc /usr/bin/gcc-4.4.7
mv /usr/bin/g++ /usr/bin/g++-4.4.7
mv /usr/bin/c++ /usr/bin/c++-4.4.7
ln -s /opt/rh/devtoolset-2/root/usr/bin/gcc /usr/bin/gcc
ln -s /opt/rh/devtoolset-2/root/usr/bin/c++ /usr/bin/c++
ln -s /opt/rh/devtoolset-2/root/usr/bin/g++ /usr/bin/g++
```

查看 gcc 版本，即

```
[root@ donkey bin]# gcc --version
gcc (GCC) 4.8.2 20140120 (Red Hat 4.8.2-15)
Copyright (C) 2013 Free Software Foundation, Inc.
This is free software; see the source for copying conditions.   There is NO
warranty; not even for MERCHANTABILITY or FITNESS FOR A PARTICULAR PURPOSE.
```

可以看出，GCC 版本已经成功升级到 4.8。

6.9.2　源代码下载与编译

交叉编译环境搭建完成之后，就可以下载 MicroPython 源代码并进行编译了。

 下载 MicroPython 源代码

在 Linux 环境下获取 MicroPython 源代码非常简单，使用 giit clone 命令，即

```
git clone https://github.com/micropython/micropython.git
```

 编译 mpy-cross

mpy-cross 是 MicroPython 的交叉编译器，在编译固件之前，需要先编译 mpy-cross，进

入 mpy-cross 目录，执行 make 命令进行编译，即

```
cd mpy-cross
make
```

完成编译后，在 mpy-cross 目录下生成命令 mpy-cross，编译信息片段为

```
CC main. c
CC gccollect. c
LINK mpy-cross
    text  data  bss    dec    hex  filename
  133582  784   872  135238  21046  mpy-cross
```

 编译 stm32 固件

在源代码目录中，ports/stm32 文件夹中的内容为 MicroPython 针对 STM32 单片机的实现，由于 TPYBoard 开发板的 MCU 正是 STM32，因此编译该目录中的代码生成固件。

MicroPython 支持 STM32 单片机系列的多种型号。这些型号的定义在目录/stm32/boards 中，在编译之前，需要在/ports/stm32/Makefile 文件中修改型号。

由于 TPYBoard V102 开发板兼容 PYBv1.0，因此使用 PYBV10，Makefile 定义为

```
BOARD ? = PYBV10
```

进入 ports/stm32 目录执行 make 命令进行编译，即

```
cd ports/stm32
make
```

编译 log 信息片段为

```
LINK build-PYBV10/firmware. elf
    text   data   bss     dec    hex  filename
  321020  352   28088  349460  55514  build-PYBV10/firmware. elf
Create build-PYBV10/firmware. dfu
Create build-PYBV10/firmware. hex
```

完成编译后，在 ports/stm32/build-PYBV10 目录中生成 stm32 的固件文件 . dfu 和 . hex，即

```
# ls firmware *
firmware0. bin  firmware1. bin  firmware. dfu  firmware. elf  firmware. hex  firmware. map
# du -h firmware. dfu
316K    firmware. dfu
```

6.9.3 固件下载

下面需要将编译生成的固件 firmware. dfu 下载到 TPYBoard 开发板上。下载方式有 SWD ST-Link 和 DFU。前者依赖 ST-Link 硬件。建议通过 USB 使用 DFU 方式下载固件，非常简便。

（1）安装 DfuSe Demo 工具，运行。

（2）将 TPYBoard 开发板的 BOOT0 和 3.3V 引脚连接，BOOT0 引脚即 DFU，如图 6.19 所示。

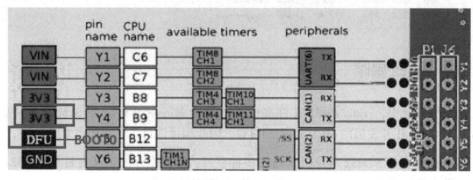

图 6.19　DFU 引脚

（3）按下 RST 键，释放 RST 键。

（4）断开 BOOT0 和 3.3V 引脚之间的连接，DfuSe Demo 工具左上角的 Available DFU and compatible HID Devices 会被识别到开发板，如图 6.20 所示。

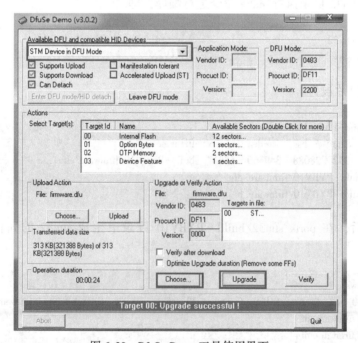

图 6.20　DfuSe Demo 工具使用界面

（5）单击 Choose...，选择编译好的 . dfu 文件，单击 Upgrade，下载固件。等待下载完成后，若提示 Upgrade successful!，则表示固件下载成功，重启 TPYBoard，可运行新的固件。

6.10　MicroPython 多线程

MicroPython 可以看作一个微型操作系统，可实现多线程的功能。

6.10.1　MicroPython 线程简介

线程是程序中一个单一的顺序控制流程，是进程内一个相对独立的、可调度的执行单元，是系统独立调度和分派 CPU 的基本单位。在单个程序中同时运行多个线程完成不同的工作，被称为多线程。

在 MicroPython 官方网站的 DOWNLOAD 下载界面中，针对 PYBv1.0 的固件有一个 threading 版本的固件，包含_thread 模块允许多线程操作，如图 6.21 所示。

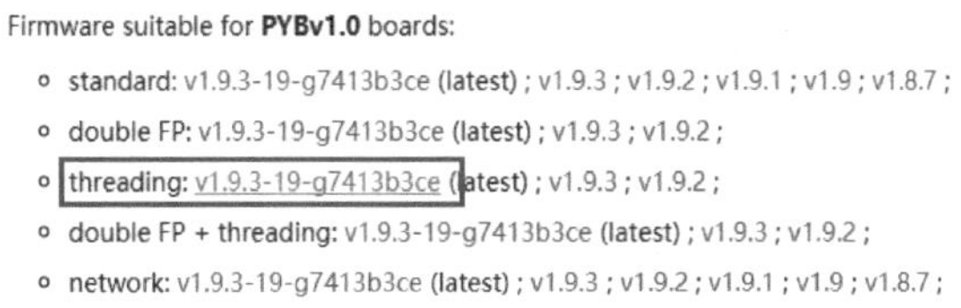

Firmware suitable for **PYBv1.0** boards:

- standard: v1.9.3-19-g7413b3ce (latest) ; v1.9.3 ; v1.9.2 ; v1.9.1 ; v1.9 ; v1.8.7 ;
- double FP: v1.9.3-19-g7413b3ce (latest) ; v1.9.3 ; v1.9.2 ;
- threading: v1.9.3-19-g7413b3ce (latest) ; v1.9.3 ; v1.9.2 ;
- double FP + threading: v1.9.3-19-g7413b3ce (latest) ; v1.9.3 ; v1.9.2 ;
- network: v1.9.3-19-g7413b3ce (latest) ; v1.9.3 ; v1.9.2 ; v1.9.1 ; v1.9 ; v1.8.7 ;

图 6.21　线程版本固件下载界面

6.10.2　MicroPython 线程使用

下载如图 6.21 所示方框中的固件后，按照步骤将固件下载到开发板上。在交互式解释器中，import _thread 可以成功导入线程模块，执行 help(_thread)命令可查看线程模块的功能，如图 6.22 所示。

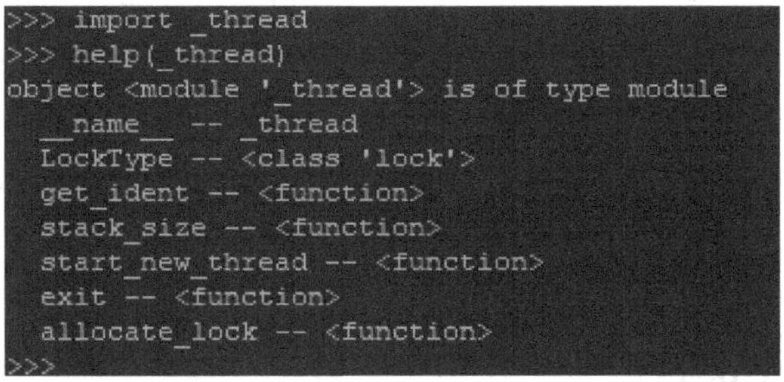

```
>>> import _thread
>>> help(_thread)
object <module '_thread'> is of type module
  __name__ -- _thread
  LockType -- <class 'lock'>
  get_ident -- <function>
  stack_size -- <function>
  start_new_thread -- <function>
  exit -- <function>
  allocate_lock -- <function>
>>>
```

图 6.22　线程模块_thread 帮助信息

编写测试代码，体验 MicroPython 的线程，即

```
import _thread
import time
```

```
def thread_A():
    print('I am thread A')
    _thread.exit()

def thread_B():
    time.sleep(1)
    print('I am thread B')
    _thread.exit()

def thread_C():
    print('I am thread C, start to sleep 2s')
    time.sleep(2)
    print('Wake up, I am thread C')
    _thread.exit()

_thread.start_new_thread(thread_A,())
_thread.start_new_thread(thread_B,())
_thread.start_new_thread(thread_C,())

while True:
    pass
```

运行结果为

```
I am thread A
I am thread C, start to sleep 2s
I am thread B
Wake up, I am thread C
```

在程序代码中，首先导入 _thread 和 time 模块，然后分别定义三个线程函数 thread_A、thread_B、thread_C，紧接着通过 start_new_thread() 启动三个线程，线程 A 首先执行，在完成打印信息之后，调用 exit() 退出，然后线程 B 执行，然而一进线程 B 就被 sleep() 休眠了，于是线程 B 让出 CPU 使用权，线程 C 立即获得 CPU 使用权，打印 I am thread C 后，调用 sleep() 休眠，由于线程 B 的休眠时间比线程 C 短，因此线程 B 先于线程 C 获得执行权利，打印信息后，调用 exit() 退出，线程 C 休眠完毕，重新得到执行权，打印 Wake up 信息后，退出。

6.10.3　多线程中的锁

在同一个进程中，多个线程同时运行，可共享内存、数据等资源。一个线程在使用某个资源时，需要用锁来锁住该资源，当释放锁后，才允许其他线程访问该资源。将以上程序修改为

```
import _thread
import time
lock = _thread. allocate_lock( )
def thread_A( ):
  print('I am thread A')
  _thread. exit( )

def thread_B( ):
  if lock. acquire( ):
    time. sleep(1)
    print('I am thread B')
  lock. release( )
  _thread. exit( )

def thread_C( ):
  if lock. acquire( ):
    print('I am thread C, start to sleep 2s')
    time. sleep(2)
    print('Wake up, I am thread C')
  lock. release( )
  _thread. exit( )

_thread. start_new_thread(thread_A,( ))
_thread. start_new_thread(thread_B,( ))
_thread. start_new_thread(thread_C,( ))

while True:
  pass
```

运行结果为

```
I am thread A
I am thread B
I am thread C, start to sleep 2s
Wake up, I am thread C
```

由于线程 B 使用 lock. acquire( ) 加了锁, 即使调用 sleep( ) 休眠, 线程 C 也无法获取 CPU 的使用权, 直到线程 B 调用 lock. release( ) 将锁释放后, 线程 C 才能执行。

6.11 安全模式和恢复出厂设置

当 MicroPython 的开发板出现问题时不要着急, 尤其是在编写程序出现错误时, 首先需要进入安全模式, 安全模式会临时跳过 boot. py 和 main. py 的执行, 直接获取默认的 USB 设定。如果文件系统损坏, 则可以尝试恢复出厂设置, 把文件系统恢复为初始状态。

6.11.1　安全模式

进入安全模式的操作步骤如下：

- 通过 USB 线连接开发板并提供电源；

- 按下用户按键（USR）；

- 保持用户按键按下的同时，按下重置按键（RST）后释放；

- 当只有橙色 LED 灯亮起时释放用户按键；

- 橙色 LED 灯快速闪烁 4 次后，熄灭，此时就进入了安全模式。

在安全模式下，boot.py 和 main.py 文件将不被执行，开发板将按照默认的设置启动，此时可以通过 USB 驱动连接文件系统，并对 boot.py 和 main.py 文件进行编辑，从而解决问题。

6.11.2　恢复出厂设置

如果 TPYBoard 开发板的文件系统遭到损坏（如忘记退出或卸载），或者在 boot.py 和 main.py 文件中编写了无法退出的代码，那么可以通过恢复出厂设置来重置文件系统。

重置文件系统将首先删除开发板中存储的所有文件（不包括 SD 卡），然后将 boot.py、README.txt、main.py 和 pybcd.inf 文件恢复到初始状态。

恢复出厂设置的方法与进入安全模式的方法相似。安全模式是在只有橙色 LED 灯亮起时释放用户按键。恢复出厂设置是在橙色和绿色 LED 灯同时亮起时释放用户按键。

恢复出厂设置的操作步骤如下：

- 通过 USB 线连接开发板并提供电源；

- 按下用户按键；

- 保持用户按键按下的同时，按下重置按键后释放；

- 待橙色和绿色 LED 灯同时亮起时，释放用户按键；

- 绿色和橙色 LED 灯快速闪烁 4 次后，熄灭；

- 待所有 LED 灯均熄灭后，重置文件系统完成，恢复出厂设置成功，进入安全模式；

- 按下复位按键并释放，开发板将重启。

第7章
构建物联网网关

物联网项目的架构多种多样。不是每个物联网项目都必须使用网关。比如,在共享单车项目中,共享单车就是整个项目的终端设备,通过移动网络接入后台;在智能家居项目中,由于采用 ZigBee 组建局域网,因此必须有协调器存在,协调器负责 ZigBee 局域网的组建及与外网通信,扮演网关的角色;在智慧农业项目中,由于农业的应用场景比较复杂,农业基地有可能在比较偏远的地区,有些偏远的地区没有互联网和移动网络覆盖,给每个终端安装移动网络通信模块或以太网模块显然是无效的,因此可以借助 LoRa 构建一个局域网,LoRa 作为低功耗广域网,通信距离可达 5~10km,搭载 LoRa 模块的终端几乎可以部署在方圆几千米的任意地方,即使没有互联网和移动网络覆盖,终端只需要与 LoRa 网关通信,将 LoRa 网关部署在有网络的地方,就可实现所有终端接入互联网。

在通常意义上,大多数网关相当于一个本地服务器,负责终端设备的管理、局域网的组建和维护、局域网和外网消息的转发等。本章将介绍常用物联网网关的软件、硬件构成及 Python 运行环境的搭建,构建一个可用的物联网网关,在此过程中会涉及一些基本的嵌入式 Linux 知识。

7.1 网关概述

网关在物联网项目中担任下列角色:

- 局域网的组建;

- 局域网和外网消息的转发;

- 本地运算中心;

- 本地数据存储中心。

7.1.1 网关的构成

网关是硬件和软件的结合体,大致由下列组件构成:

- 核心硬件:CPU+DDR+Flash;

- 软件：操作系统、基础运行库、第三方库、模块、框架；

- 外围硬件：通信模组、传感器、行业模块、特殊芯片等。

7.1.2　常用网关

物联网网关有多种方案：一是通过半导体厂商提供的 ARM 处理器加上外围自主设计的硬件电路板后移植操作系统；二是使用现成的开源嵌入式开发板；三是现成的行业网关。

 自主设计的网关

（1）Nuvoton nuc97X

Nuvoton nuc97X 采用 ARM9 的 ARM926EJ-S 核，主频最高至 300MHz，LQFP-128 封装；集成 64MB DDR2 和 56KB SRAM；6 个 UART 接口（若从 Nand Flash/emmc Flash 启动，则会减少一些；若仅从 spiflash 启动，则会多一些）；16bit RGB 数据的 LCD 控制器（分辨率最高为 1024×768），支持 80/60 总线类型 LCD；1 个 100Mb/s 以太网接口；2 个 USB HOST，1 个 USB Device；1 个 I^2S/SD；1 或 2 个 SPI/I^2C；1 个 CAN BUS/RTC/Watchdog；支持从 SPI Flash/Nand Flash/emmc 启动。

（2）TI AM335X

TI AM335X 采用最高 720-MHz ARM Cortex-A8 核，32 位 RISC 微控制器，带有 NEON SIMD 协处理器，具有单错检测（奇偶校验）32KB/32KB L1 指令/数据高速缓存和错误纠正码（ECC）的 256KB L2 高速缓存；支持移动双倍速率同步动态随机存储器（mDDR）［低功耗 DDR（LPDDR）］/DDR2/DDR3；支持通用存储器（Nand、NOR、SRAM 等）；支持高达 16 位 ECC；带有 SGX530 3D 图形引擎；LCD 控制器；可编程实时单元和工业用通信子系统（PRU-ICSS）；实时时钟（RTC）；最多 2 个具有集成物理层的 USB 2.0 高速 OTG 接口；支持最多 2 个接口的 10/100/1000 以太网交换机；串口包括 2 个控制器局域网接口（CAN）及 6 个 UART、2 个 McASPI、2 个 McSPI、3 个 I^2C 接口；12 位逐次逼近寄存器（SAR）ADC；3 个 32 位增强型捕捉模块（eCAP）；3 个增强型高分辨率 PWM 模块（eHRPWM）；加密硬件加速器（AES、SHA、PKA、RNG）。

（3）NXP iMX6

CPU：NXP 四核 i.MX6Q。

架构：ARM Cortex-A9。

主频：1GHz。

内存：1GB DDR3。

ROM：8GB eMMC。

系统：Android 4.4/Linux 3.0.35/Linux qt 4.8.5。

开源嵌入式开发板

（1）树莓派

网关的软件形式多种多样，在物联网中比较典型的网关架构是 ARM+Linux。同样，ARM 芯片型号多种多样，Linux 系统也有多个版本。本书为了适应更多的读者，避免选择一个冷门的硬件平台，同时嵌入式系统由软件、硬件组成，硬件的稳定性非常重要，因此选择树莓派作为本书的网关设备。树莓派风靡世界多年，硬件已经非常稳定，最具魅力的就是软件生态，即使遇到问题，也很容易从网络中获取解决问题的方案，因为使用树莓派的用户实在太多了。虽然树莓派并不是非常适合用来做真正的产品，但却是一个很好的学习平台。知识是相通的，树莓派和其他嵌入式硬件平台并无本质区别。

树莓派 3 代 B 版的实物外形如图 7.1 所示。

图 7.1　树莓派 3 代 B 版的实物外形

树莓派硬件参数：

博通 ARM CPU，主频 1.2G 4 核；

内存为 512MB；

搭载板载 Wi-Fi 和蓝牙。

（2）Beagle Bone Black

Beagle Bone Black 是一款为数不多的可以在 10 秒内启动 Linux 的开源嵌入式开发板，尺寸为 8.6cm×5.3cm，仅为信用卡大小，如图 7.2 所示。

开源嵌入式开发板 Beagle Bone Black 使用的是德州仪器的 1GHz ARM Cortex-A8 处理器，拥有 2GB 的 eMMC 存储、512MB 的 DDR3 内存和一个可扩展存储的 microSD 卡插槽。

开源嵌入式开发板 Beagle Bone Black 的两边有 46Pin 的插槽，支持 LCD 接口、UART 接口、eMMC 接口、ADC 接口、IIC 接口、SPI 接口、PWM 接口等，方便连接不同的设备，同

图 7.2　开源嵌入式开发板 BeagleBone Black 的实物外形

时还配备 1 个 micro HDMI、1 个 USB OTG、1 个 USB Host 及 1 个以太网等接口。

 行业网关

英特尔物联网网关的实物外形如图 7.3 所示。

图 7.3　英特尔物联网网关的实物外形

英特尔物联网网关提供了多个软件、硬件工具，可方便用户进行物联网应用的开发，能够轻松接入 Amazon Web Services（AWS）、Google Cloud Network、IBM Watson IoT、Microsoft Azure 等云平台。

英特尔物联网网关的硬件包含下列组件：

- Inter NUC：包含一个 DDR3、一个无线网卡、一个 4GB 存储磁盘；
- 戴尔 l Wyse * 3290；
- Gigabyte * GB-BXBT-3825；
- Type A USB 连接线；

- 网线；

- 主机；

- Arduino 开发板。

此外，英特尔还提供了针对网关的软件开发套件。

7.2　自主构建网关

前面介绍了多种可作为物联网网关的嵌入式设备，从开发和生产的角度来讲，自主构建网关最灵活，开发者可以根据项目需求自主选择 CPU 的档次、存储空间的大小、通信的种类、外设的功能和型号等，构建满足项目需求且成本最低的方案。

本节将选用 Nuvoton nuc97X 处理器、Linux 操作系统及 Python3 自主构建一个带有处理器、操作系统及 Python 运行环境的网关，构建方法与其他平台大同小异。需要注意的是，网关设备暂时不涉及与通信或行业相关的外围硬件，具体外设的扩展将在项目实战章节介绍。本节的目标是构建一个可运行 Python 程序的最小软件、硬件系统，有了最小硬件和 Python 环境才能在此基础上添加外设并进行 Python 应用程序的编写。桌面程序或 Web 程序的开发只需要关注应用程序本身，因为 PC 和服务器硬件及操作系统都已准备妥当，物联网网关的软件、硬件需要自主构建。

自主构建网关软件、硬件的框图如图 7.4 所示。

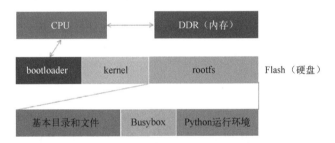

图 7.4　自主构建网关软件、硬件的框图

网关的核心硬件由 CPU、DDR、Flash 构成。DDR 相当于 PC 的内存。Flash 相当于 PC 的硬盘。程序运行在 DDR 中，操作系统、应用程序、文件系统等都存放在 Flash 中。Flash 芯片分为 3 个区，分别存放 bootloader（引导程序）、kernel（内核镜像）、rootfs（根文件系统）。其中，根文件系统大致由基本目录和文件、Busybox 命令集及 Python 运行环境组成。

7.2.1　交叉编译

PC 程序和服务器程序的开发不会涉及交叉编译，是因为它们的编译环境和运行环境是同一个。物联网网关的 CPU 为 ARM 架构，PC 的 CPU 通常为 X86 架构，代码在 PC 的 X86 上编译，在网关的 ARM 架构上运行。这种在一个平台上为另一个平台编译程序的操作被称为交叉编译。

交叉编译工具链

交叉编译工具链是一个由编译器、连接器和解释器组成的综合开发环境，主要由 binutils、gcc 和 glibc 三个部分组成，有时出于减小 libc 库大小的考虑，也可以用其他的 C 库来代替 glibc，如 uClibc、dietlibc 和 newlib。建立交叉编译工具链是一个相当复杂的过程，一般半导体厂商会提供交叉编译工具链，也可在网上下载。

交叉编译工具链命令规则

交叉编译工具链的命名规则为 arch [-vendor] [-os] [-(gnu)eabi]。

- arch——体系架构，如 ARM、MIPS。

- vendor——工具链提供商。

- os——目标操作系统。

- eabi——嵌入式应用二进制接口。

根据对操作系统的支持与否，ARM GCC 可分为支持和不支持操作系统两种：

- arm-none-eabi：没有操作系统，自然不可能支持那些与操作系统关系密切的函数，如 fork(2)，使用的是 newlib 专用于嵌入式系统的 C 库；

- arm-none-linux-eabi：用于 Linux 系统的编译器，使用 glibc 库。

常用交叉编译工具链

（1）arm-none-eabi-gcc

arm-none-eabi-gcc 意为 ARM 架构、无厂商、无操作系统、EABI 的编译器，用于编译 ARM 架构的裸机系统（包括 ARM Linux 的 uboot、kernel，不适合编译 Linux 应用程序），一般适合 ARM7、Cortex-M 和 Cortex-R 内核的芯片使用，不支持那些与操作系统关系密切的函数，如 fork(2)，使用的是 newlib 专用于嵌入式系统的 C 库。

（2）arm-none-linux-gnueabi-gcc

arm-none-linux-gnueabi-gcc 主要用于基于 ARM 架构的 Linux 系统，可用于编译 ARM 架构的 u-boot、Linux 内核、Linux 应用等。arm-none-linux-gnueabi 是基于 GCC，使用 glibc 库，经过 Codesourcery 公司优化推出的编译器。arm-none-linux-gnueabi-xxx 交叉编译工具链的浮点运算非常优秀，一般 ARM9、ARM11、Cortex-A 内核的 Linux 操作系统会用到。

（3）arm-eabi-gcc

arm-eabi-gcc 为 Android ARM 编译器。

（4）armcc

armcc 为 ARM 公司推出的编译工具，功能与 arm-none-eabi 类似，可以编译裸机程序（u-boot、kernel），不能编译 Linux 应用程序。

 交叉编译环境搭建

Nuvoton 公司为 nuc97X 平台提供了配套的交叉编译器，安装后，将编译器的压缩包在任意目录中解压，解压完成后的目录结构为

```
arm-none-linux-gnueabi/
bin/
include/
lib/
libexec/
share/
usr/
```

其中，bin 目录中存放的是交叉编译工具链的所有命令集，将该命令集加到 Linux 系统的环境变量中。其方法是打开/etc/profile 文件，在文件末尾添加

```
export PATH=xxx/bin：$PATH
```

其中，xxx 为具体路径，执行 source /etc/profile 使配置生效。

在任意目录中调用编译器，验证安装结果，执行以下命令，即

```
arm-none-linux-gnueabi-gcc -v
```

如果能够返回信息，则证明交叉编译环境搭建成功。

7.2.2　编译引导程序

引导程序（bootloader）是嵌入式系统上电后执行的第一段代码，完成 CPU 和相关硬件的初始化之后，首先会将操作系统映像或固化的嵌入式应用程序装到内存中，然后跳转到操作系统所在的空间，启动操作系统运行。

对于嵌入式系统，bootloader 是基于特定的硬件平台实现的。几乎不可能为所有的嵌入式系统建立一个通用的 bootloader，不同的处理器架构都有不同的 bootloader。bootloader 不但依赖 CPU 的体系结构，还依赖嵌入式系统板级设备的配置。对于两块不同的嵌入式板，即使使用同一个处理器，要想让运行在一块板上的 bootloader 程序也能运行在另一块板上，一般都需要修改 bootloader 的源代码。

反过来，大部分的 bootloader 仍然具有很多的共性，某些 bootloader 也能够支持多种体系结构的嵌入式系统。例如，U-Boot 就同时支持 PowerPC、ARM、MIPS 和 X86 等体系结构，支持的板有上百种。通常，它们都能够自动从存储介质上启动，能够引导操作系统启动，并且大部分都可以支持串口和以太网接口。本书自主构建的网关 bootloader 使用的就是 U-Boot。

U-Boot 主要的源代码结构如下：

- board——目标板相关文件，主要包含 SDRAM、Flash 驱动；

- common——独立于处理器体系结构的通用代码，如内存大小探测和故障检测；

- cpu——与处理器相关的文件；

- driver——通用设备驱动程序；

- include——U-Boot 头文件，尤其 configs 子目录下与目标板相关的配置头文件是移植过程中经常要修改的文件；

- lib——与处理器体系相关的文件，如 lib_ppc、lib_arm 目录分别包含与 PowerPC、ARM 体系结构相关的文件；

- net——与网络功能相关的文件目录，如 bootp、nfs、tftp；

- tools——与 U-Boot 相关的工具。

 编译 U-Boot

几乎所有的半导体厂商都会提供不同处理器型号的配套软件包，从软件包中可获取 U-Boot 源代码，还会提供 U-Boot 的默认配置文件。编译 U-Boot 的第一步就是用配置文件进行 U-Boot 配置。例如，nuc97X 的 U-Boot 配置文件为 nuc970_nand_config，执行指令进行配置，即

```
# make nuc970_nand_config
```

配置完成后，执行 make 命令编译 U-Boot 源代码，即

```
# make
```

编译完成后，会在当前目录中生成 U-Boot 的镜像文件，即

```
# ls u-boot *
u-boot  u-boot.bin  u-boot.lds  u-boot.map  u-boot-nand.bin  u-boot.srec
```

其中，u-boot.bin 就是需要下载到板上的镜像文件。

除了厂商提供的默认配置，如果开发者想要自定义配置，则可以修改对应的头文件，一

般存放在 include/configs 目录中，如 nuc97X 配置头文件路径为

/uboot/include/configs/nuc970_evb. h

如果再次进行编译，则需要清除上次编译产生的文件，执行如下指令可以清除，即

make   distclean

7.2.3　内核配置与编译

Linux 内核开放源代码，可灵活裁剪，镜像文件小，执行效率高，已经在嵌入式设备上风靡多时。Linux 可适用于多种 CPU 和硬件平台，是一个跨平台的系统。截至目前，Linux 可以支持二三十种 CPU，性能稳定，裁剪性好，移植方便，开发和使用都很容易。同时，Linux 内核的结构在网络方面是非常完整的，对网络中最常用的 TCP/IP 协议有最完备的支持。

本书自主构建的网关设备采用 Linux 内核，通常半导体厂商会提供处理器对应的 Linux 内核，同时会把与处理器相关的代码申请加入 Linux 源代码主线。本书使用的 Linux 内核主要的源代码结构如下：

- arch——有多个不同架构的 CPU 子目录，如 arm 的 CPU 所有文件都在 arch/arm 目录下，X86 的 CPU 所有文件都在 arch/x86 目录下；

- block——块设备，是以数据块方式接收和发送数据的设备，如 SD 卡、Nand、硬盘等，可以认为是存储设备，block 目录下放的是一些 linux 存储体系中关于块设备管理的源代码；

- crypto——存放内核本身所用的加密 API，可实现常用的加密和散列算法及一些压缩和 CRC 校验算法；

- documentation——用于存放帮助文档的目录；

- drivers——内核中最庞大的目录，分门别类地列出了 Linux 内核支持的所有硬件设备的驱动源代码；

- fs——列出 Linux 支持的各种文件系统的实现；

- include——头文件目录，公共的（各种 CPU 架构共用的）头文件都在这里，每种 CPU 架构特有的一些头文件都在 arch/xxx/include 目录及其子目录下；

- init——Linux 内核启动时初始化内核的代码；

- ipc——存放 Linux 支持的 IPC（进程间通信）的代码实现；

- kernel——内核中最核心的部分，包括进程的调度（sched. c）、进程的创建和撤销（fork. c 和 exit. c）及与平台相关的另外一部分核心代码都在 arch/xxx/kernel 目录下；

- lib——存放各种库的目录；

- mm——memory management，内存管理，包含与体系无关的部分内存管理代码，与体系结构相关的内存管理源代码都在 arch/xxx/mm 目录下；
- net——与网络相关的源代码，如 TCP/IP 协议栈等都在这里；
- scripts——全部是脚本文件，不是 Linux 内核工作时使用的，是用来辅助对 Linux 内核进行配置编译的，当运行 make menuconfig 或 make xconfig 的命令配置内核时，用户需要与这个目录下的脚本进行交互。

 编译内核

默认的 Linux 内核非常庞大，由于嵌入式系统仅需要内核中的核心功能及与平台相关的驱动程序，因此在编译内核之前需要进行一些配置。通常，半导体厂商会提供一个配置文件，该文件包含对应处理器的必要配置，如通过以下指令可以进行 nuc97X 的默认配置，即

```
# make nuc977_defconfig
```

如果用户在厂商提供的默认配置文件上进行自定义配置，则可以通过 make menuconfig 指令打开内核配置界面，如图 7.5 所示。

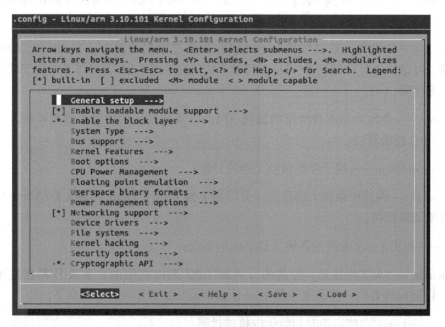

图 7.5　Linux 内核配置界面

配置完成之后，可以通过 make 命令进行内核编译，如果不在 Makefile 中修改交叉编译器，则在编译命令时指定

```
# make uImage CROSS_COMPILE=arm-none-linux-gnueabi-
```

以上命令定义了镜像名称及交叉编译工具链，编译完成之后，生成的镜像文件路径为

/arch/arm/boot/uImage

7. 2. 4　制作文件系统

嵌入式 Linux 系统支持的文件系统种类非常多，常用的有 UBI、YAFFS2 等。本书以 YAFFS2 为例进行介绍。

文件系统主要包含的目录及文件如下：

- bin——命令文件目录，也称二进制目录，包含供系统管理员及普通用户使用的重要 Linux 命令和二进制（可执行）文件，如 shell 解释器等；
- dev——设备（device）文件目录，存放 Linux 系统下的设备文件，访问该目录下的某个文件相当于访问某个设备，可存放连接计算机设备（终端、磁盘驱动器、光驱及网卡等）的对应文件，包括字符设备和块设备等；
- etc——系统配置文件存放的目录，可存放系统的大部分配置文件和子目录，重要的配置文件有/etc/inittab、/etc/fstab、/etc/init. d、/etc/sysconfig（与网络有关）；
- home——系统默认的用户宿主目录；
- lib——系统使用函数库的目录，如系统需要的 glic 库就存放在该目录中，/lib/modules 包含可加载的内核模块；
- mnt——主要用来临时挂载文件系统，为某些设备提供默认挂载点；
- proc——此目录中的数据都在内存中，在文件系统制作阶段为空，可存放与系统运行相关的各种参数和文件。

Busybox

目录几乎都是可以创建的，常用的命令 ls、cd、ping、rm 等存放在/bin 目录中。这些命令来自哪里呢？难道需要一个一个创建吗？实际上，/bin 目录中的内容为

```
# tree bin/
bin/
├── busybox
├── cat -> busybox
├── cp -> busybox
├── ls -> busybox
├── rm -> busybox
├── date -> busybox
├── cd -> busybox
....
```

可以看到，常用的命令均指向名为 Busybox 的软链接。Busybox 是一个集成多个最常用 Linux 命令和工具的软件，通过对 Busybox 源代码的配置，可编译出 Linux 命令集，并将命令集拷贝到/bin 命令中。

从官网下载 Busybox 之后，首先对其进行配置。与内核一样，使用 make menuconfig 命令打开配置界面，如图 7.6 所示。

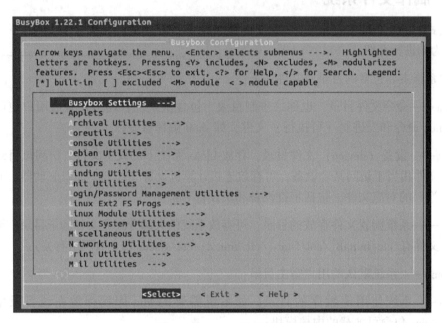

图 7.6　Busybox 配置界面

在 Busybox Settings--->Build Options 中选中

[*] Build Busybox as a static binary（no shared libs）

在同一界面中选中 Cross Compiler prefix，设置交叉编译工具链。

在 Busybox Settings-->Installation Options（"make install" behavior）-->BusyBox installation prefix 选项中输入编译后指令存放路径，本例为 ./_install，busybox 源代码根目录的_install 目录。

此外，可以根据需求在配置工具中选择自己需要的命令。

执行下列指令编译 Busybox，即

```
# make
# make install
```

执行完成之后，将在当前目录中生成_install 目录，里面存放了编译结果，大致内容为

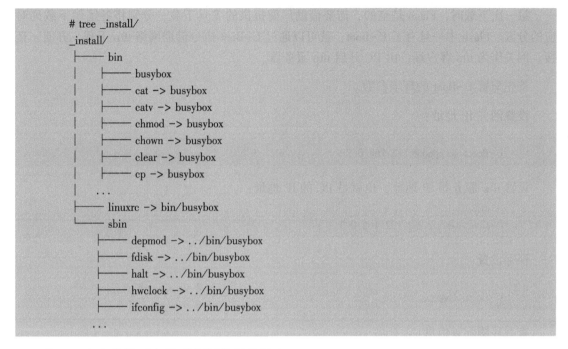

```
# tree _install/
_install/
├── bin
│   ├── busybox
│   ├── cat -> busybox
│   ├── catv -> busybox
│   ├── chmod -> busybox
│   ├── chown -> busybox
│   ├── clear -> busybox
│   ├── cp -> busybox
│   ...
├── linuxrc -> bin/busybox
└── sbin
    ├── depmod -> ../bin/busybox
    ├── fdisk -> ../bin/busybox
    ├── halt -> ../bin/busybox
    ├── hwclock -> ../bin/busybox
    ├── ifconfig -> ../bin/busybox
    ...
```

将以上内容拷贝到文件系统源代码结构中。

 制作文件系统镜像

准备好 Linux 命令及主要的目录和文件之后，可以通过工具制作文件系统镜像。

通过 mkyaffs2 命令制作 YAFFS2 格式的根文件系统，指令为

```
# mkyaffs2 --inband-tags -p 2048 rootfs   rootfs_yaffs2.bin
```

其中，rootfs 为文件系统的源代码目录名称；rootfs_yaffs2.bin 为生成的文件系统镜像名称。

以上指令执行完成之后，将在当前目录生成 rootfs_yaffs2.bin。

7.2.5　分区与下载

前文已经成功生成了 U-Boot 镜像、内核镜像、根文件系统镜像，接下来需要将它们下载到网关板上。在下载之前，需要确定 Flash 分区信息，使用大小为 128MB 的 NAND Flash 芯片，分区信息如图 7.7 所示。

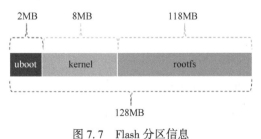

图 7.7　Flash 分区信息

第一次下载时，Flash 是空的，需要借助厂商提供的工具下载，分别将各镜像下载到对应的分区。Flash 中一旦有了 U-Boot，就可以通过 U-Boot 命令借助网络 tftp 下载，方便、直接。网关作为 tftp 客户端，由 PC 开启 tftp 服务器。

首先配置 U-Boot 的环境参数。

设置网关 IP 地址：

```
U-Boot> set ipaddr 192.168.0.2
```

设置 tftp 服务器 IP 地址，也就是 PC 的 IP 地址：

```
U-Boot> set serverip 192.168.0.3
```

保存设置：

```
U-Boot> saveenv
```

查看环境配置信息：

```
U-Boot> printenv
```

PC 端运行 tftp 服务，通常使用 tftpd32 或 tftpd64 工具。

在 uboot 命令行中通过 tftp 命令从 PC 端下载镜像，分 3 个步骤。

（1）将 PC 上的内核镜像下载到网关 DDR 中

将 PC 上 tftp 目录中的内核镜像 uImage.img 拷贝到网关 DDR 0x7fc0 的地址处，在 U-Boot 中执行如下命令：

```
U-Boot> tftp 0x7fc0 uImage.img
```

执行后会提示：

```
Bytes transferred = 11027680 ( a844e0 hex)
```

其中，a844e0 为内核镜像大小。

（2）擦除 Flash 内核分区

```
U-Boot> nand erase 0x200000 0xa00000
```

（3）将网关 DDR 中的内核镜像写到 Flash 内核分区

将 DDR 地址为 0x7fc0 开始的大小为 0xa844e0 的内核镜像拷贝到 NAND Flash 的地址 0x200000 处，即

```
U-Boot> nand write 0x7fc0 0x200000   0xa844e0(该数字来自上一个命令的提示)
```

与内核的下载方式类似,将根文件系统镜像 rootfs_vaffs2.bin 下载到根文件系统对应的分区。

7.2.6 系统启动流程

将制作好的镜像下载到网关板上之后,即可启动进入 Linux 系统。系统启动的主要流程如下。

CPU 上电之后,从 Flash 的引导分区中读取 U-Boot,U-Boot 会加载设备驱动,相当于 CPU 的单片机程序,没有操作系统的进程调度等高级功能,有自己的命令行终端,可以在终端界面上进行相关操作。

U-Boot 最后会根据分区信息去内核分区将内核镜像搬到内存中执行,此时,执行权利交给了内核,U-Boot 退出,内核加载设备驱动、虚拟内存等,通过 cmdline 挂载根文件系统后,去根文件系统分区中寻找 init 程序。init 程序调用多个函数,弹出登录界面并调用开机启动脚本。用户通过账号登录之后,进入 bash 命令行终端。

7.2.7 移植 Python

网关的硬件及操作系统环境准备好之后,若想要运行 Python 程序,则还需要移植 Python 到网关板上。

 源代码下载与解压

下载 Python3.5 源代码:

```
wget https://www.python.org/ftp/python/3.5.1/Python-3.5.1.tgz
```

解压:

```
tar -zxvf Python-3.5.1.tgz
```

 编译 HOST 版的 Python 解释器

由于在编译嵌入式版 Python 的过程中需要 HOST 版的 Python 解释器解析 setup.py,因此需要先编译 HOST 版的 Python 解释器,即

```
# ./configure
# make python Parser/pgen
```

```
# mv   python   hostpython
# mv   Parser/pgen  Parser/hostpgen
# make distclean
```

 交叉编译配置

设置交叉编译工具链为 arm-none-linux-gnueabi，编译生成的执行文件存放在当前目录的_install 文件夹中，即

```
# ./configure --host=arm-none-linux-gnueabi --prefix=$PWD/_install
```

 编译与安装

编译与安装的代码为

```
# make HOSTPYTHON=./hostpython HOSTPGEN=./Parser/hostpgen
BLDSHARED="arm-none-linux-gnueabi-gcc -shared"
CROSS_COMPILE=arm-none-linux-gnueabi- CROSS_COMPILE_TARGET=yes

# make install HOSTPYTHON=./hostpython
BLDSHARED="arm-none-linux-gnueabi-gcc-shared" CROSS_COMPILE=arm-none-linux-gnueabi
-CROSS_COMPILE_TARGET=yes prefix=$PWD/_install
```

执行后，在_install 中产生 bin、lib、include、share 等 4 个文件夹，为了避免麻烦，可以将代码写成一个脚本。

 目标板文件拷贝

将_install/bin 中的所有内容拷贝到目标板任意环境变量能够访问的目录中，推荐/bin、/usr/bin。

将_install/lib 中的所有内容拷贝到目标板的/lib 中。

将_install/include 中的所有内容拷贝到目标板的/include 中，其中的某些头文件是 Python 环境所需要的，如 Python 解释器启动依赖 pyconfig.h，import time 模块依赖 timefuncs.h。

 设置环境变量

将 Python3.5 路径加到环境变量 PYTHONHOME、PYTHONPATH 中。

如果是/etc/profile，则在文件末尾添加如下信息后执行 source/etc/profile，即

```
export PYTHONPATH=/lib/python3.5：$PYTHONPATH
export PYTHONHOME=/lib/python3.5：$PYTHONHOME
```

如果是命令行，则执行

```
export PYTHONPATH=$PYTHONPATH：/lib/python3.5
export PYTHONHOME=$PYTHONHOME：/lib/python3.5
```

设置完成之后，在网关命令行输入 python，如果能够成功打开解释器且能够 import 一些常用模块，则移植成功。

 裁剪与优化

由于在 Python 源代码根目录的 setup.py 文件中，disables_xx[ ] 定义的内容不编译，因此 x86 平台上的 ctypes 库也不需要编译。如果板上的存储空间有限，则可以灵活裁剪与优化不用的库，选择不编译。

7.3　树莓派作为网关

树莓派虽然不适用于真正的商业项目和产品化，但作为开源硬件已经风靡世界多年，硬件运行稳定，软件生态良好，资源丰富，非常适合学习和产品原型开发。本书为了统一开发平台，保证硬件高度稳定可靠，在项目实战中使用树莓派作为网关。

7.3.1　初次启动树莓派

开发者初次拿到的树莓派开发板是裸板，需要安装操作系统，并进行一些必要的配置才能运行。树莓派开发板上没有 Flash 芯片，提供了 TF 卡插槽，支持 TF 卡启动，需要下载操作系统镜像并下载到 TF 卡中。

（1）下载操作系统镜像

首先在官网上将树莓派的操作系统镜像下载到 PC。

树莓派官网操作系统镜像下载界面如图 7.8 所示。

在树莓派的官网上提供多种镜像压缩包，建议选择 RASPBIAN JESSIE LITE 压缩包。该压缩包的大小不到 300MB，比较小巧，下载速度比较快。下载完成之后，经解压得到镜像文件 2017-04-10-raspbian-jessie-lite.img，大小为 1.2GB。

（2）制作带操作系统镜像的 TF 卡

首先准备一张容量足够大的 TF 卡，建议 4GB 以上，然后准备一个 TF 卡读卡器，连接到 PC 上。如果没有读卡器，则可以将 TF 卡插到手机上，通过 USB 线将手机连接到 PC 上。

图 7.8 树莓派官网操作系统镜像下载界面

将 TF 卡格式化，找到 TF 卡对应的盘符，右键单击选择"格式化"。

如果是 Windows 平台，则下载 Win32DiskImager 工具。

打开 Win32DiskImager 下载工具，选择镜像、TF 卡盘符，单击"写入"进行下载，如图 7.9 所示。

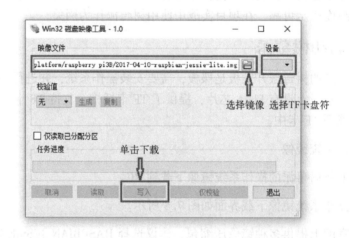

图 7.9 制作带操作系统镜像的 TF 卡操作界面

下载后，将制作好的 TF 卡插入树莓派开发板的 TF 卡插槽中。

（3）硬件连接

进入树莓派的终端至少有三种方式：显示屏、串口终端、SSH 远程登录。

首先展示显示屏的启动方式。图 7.10 是树莓派接口示意图。

图 7.10　树莓派接口示意图

初次启动需要连接的硬件：

- 5V 电源，可以使用常用的手机充电器；

- HDMI 接口用于连接 PC，也可以使用 HDMI 转 DVI 转接线连接，HDMI 转 VGA 转接线连接；

- 与 USB 接口连接的键盘；

- 已下载镜像的 TF 卡。

（4）启动开发板

确认硬件连接无误后，接通电源，启动开发板，观察指示灯和显示屏的反应。若红灯常亮，黄灯闪烁，显示屏显示启动信息，则启动成功。输入用户名和密码，登录成功！

初次启动时可能会遇到一些问题，可以通过树莓派开发板上的指示灯寻找原因，指示灯说明如下：

红灯常亮：未能检测到 TF 卡。

双灯常亮：未能检测到系统。

红灯常亮，黄灯闪烁：系统运行正常。

7.3.2　串口登录树莓派

由于访问树莓派开发板额外配备了键盘和显示屏，耗费了很多硬件资源，因此可以采用串口终端的方式访问树莓派开发板。

（1）配置串口终端

首先在/dev 目录中查看是否有串口终端设备节点，由树莓派的官网可知，串口终端设备节点名为 ttyS0，如图 7.11 所示。

```
pi@raspberrypi:    $ cd /dev
pi@raspberrypi:    $ ls ttyS0
ls: cannot access ttyS0: No such file or directory
pi@raspberrypi:
```

图 7.11　树莓派串口终端设备节点

由图 7.11 可知，树莓派提示未能找到 ttyS0 文件，可以确认串口终端未打开，接下来需要打开串口终端。

在树莓派串口终端使用 root 权限执行 raspi-config 命令启动配置界面，即

$sudo raspi-cofig

在配置界面中选择 5 Interfacing Options，回车确认，如图 7.12 所示。

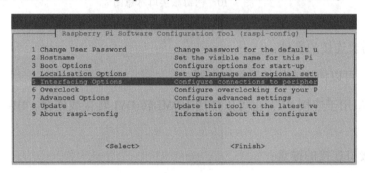

```
┌──── Raspberry Pi Software Configuration Tool (raspi-config) ────┐
│ 1 Change User Password      Change password for the default u   │
│ 2 Hostname                  Set the visible name for this Pi    │
│ 3 Boot Options              Configure options for start-up      │
│ 4 Localisation Options      Set up language and regional sett   │
│ 5 Interfacing Options       Configure connections to peripher   │
│ 6 Overclock                 Configure overclocking for your P   │
│ 7 Advanced Options          Configure advanced settings         │
│ 8 Update                    Update this tool to the latest ve   │
│ 9 About raspi-config        Information about this configurat   │
│                                                                 │
│           <Select>                        <Finish>              │
└─────────────────────────────────────────────────────────────────┘
```

图 7.12　选择界面

选择 P6 Serial 选项，回车确认，如图 7.13 所示。

```
┌──── Raspberry Pi Software Configuration Tool (raspi-config) ────┐
│ P1 Camera                   Enable/Disable connection to the    │
│ P2 SSH                      Enable/Disable remote command lin   │
│ P3 VNC                      Enable/Disable graphical remote a   │
│ P4 SPI                      Enable/Disable automatic loading    │
│ P5 I2C                      Enable/Disable automatic loading    │
│ P6 Serial                   Enable/Disable shell and kernel m   │
│ P7 1-Wire                   Enable/Disable one-wire interface   │
│ P8 Remote GPIO              Enable/Disable remote access to G   │
│                                                                 │
│           <Select>                        <Back>                │
└─────────────────────────────────────────────────────────────────┘
```

图 7.13　继续选择界面

使用键盘的左、右键移动光标选择<Yes>，回车确认，如图 7.14 所示。

继续回车，确认 reboot，重启树莓派开发板。

重启之后，串口终端被打开，再次确认设备节点是否产生，如图 7.15 所示。

（2）连线

使用 USB 转 TTL 转接线连接 PC 和树莓派开发板。

Would you like a login shell to be accessible over
serial?
<Yes>
<No>

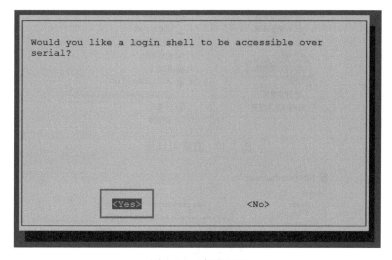

图 7.14　确认界面

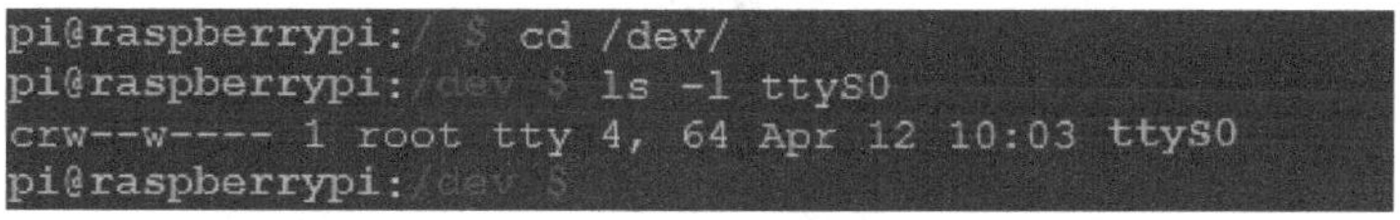

pi@raspberrypi:/ $ cd /dev/
pi@raspberrypi:/dev $ ls -l ttyS0
crw--w---- 1 root tty 4, 64 Apr 12 10:03 ttyS0
pi@raspberrypi:/dev $

图 7.15　树莓派串口终端设备节点确认界面

通过查看树莓派引脚示意图连接 GND、TX、RX 引脚，如图 7.16 所示。

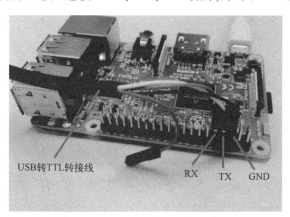

USB转TTL转接线
RX
TX
GND

图 7.16　引脚示意图

(3) 使用串口工具访问树莓派

首先查看 USB 转 TTL 转接线的端口号，然后使用串口工具 Putty 登录。

右键单击“我的电脑”，选择“管理”，选择左侧“设备管理器”，查看右侧显示的端口号，如图 7.17 所示。

打开 PuTTY 界面，设置 Serial line 为 COM7，Speed 为 115200，Connection type 为 Serial，单击 Open，如图 7.18 所示。

图 7.17　查看端口号

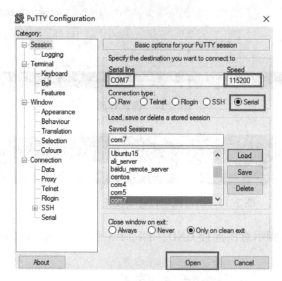

图 7.18　登录树莓派前的设置

在登录界面输入用户名 pi、密码 raspberry，登录成功！如图 7.19 所示。

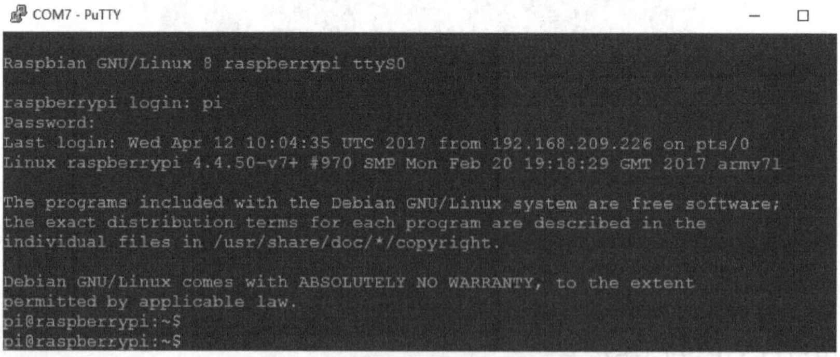

图 7.19　使用串口终端成功登录

串口终端的访问方式仅需要一台 PC、一根串口线、一根 USB 电源线，节省硬件资源，方便携带，简化了树莓派的使用。

7.3.3　SSH 访问树莓派

如果没有 HDMI 转接线、显示屏、USB 转 TTL 转接线，那么可以通过网络 SSH 远程登录的方式访问树莓派。

首先通过镜像版本号确认 SSH 是否默认开启。在树莓派官网的 release note 中说明：2016-11-25版本开始，SSH 服务默认关闭，之前的版本默认开启。

由于在使用的版本中 SSH 是默认关闭的，因此需要在 boot 分区创建一个名为 SSH 的文件来开启 SSH 服务。

 在无显示屏的情况下登录树莓派的方法

如果最初拿到树莓派开发板时没有显示屏和键盘等设备，则可以通过 SSH 登录树莓派。

将 TF 卡通过读卡器或手机与 PC 连接，在 boot 中创建 SSH 文件。注意，SSH 文件不要有任何后缀。

将树莓派开发板通过网线与 PC 连接到同一个网络，使用 ipscan 工具扫描或 arp-a 命令得到树莓派的 IP 地址。

使用登录工具 PuTTY 填写相关信息，如图 7.20 所示。

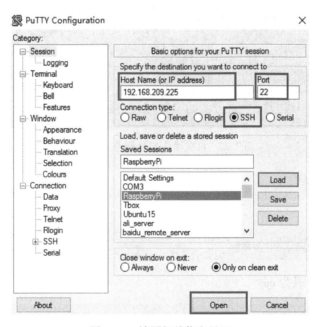

图 7.20　填写相关信息界面

在提示串口中同样输入用户名 pi、密码 raspberry 登录，登录成功！

 通过显示屏、串口终端开启 SSH 功能

如果已经通过显示屏或串口终端登录了树莓派，并且使用的是 SSH 服务禁止的镜像版本，则需要开启 SSH 服务，有如下两种方法。

（1）通过 raspi-config 界面开启

配置之前，执行命令 service ssh status，确认 SSH 的服务状态，如图 7.21 所示。

```
pi@raspberrypi:~$ service ssh status
● ssh.service - OpenBSD Secure Shell server
   Loaded: loaded (/lib/systemd/system/ssh.service; disabled)
   Active: inactive (dead)
pi@raspberrypi:~$
```

图 7.21　SSH 服务运行状态确认

由图 7.21 可知，状态为 inactive。

使用 root 权限执行命令 raspi-config，在配置界面中选择 5 Interfacing Options，回车确认，继续选择 P2 SSH，单击 Yes 确认。

再次确认状态为 active（running），如图 7.22 所示。

```
root@raspberrypi:/home/pi# service ssh status
● ssh.service - OpenBSD Secure Shell server
   Loaded: loaded (/lib/systemd/system/ssh.service; enabled)
   Active: active (running) since Thu 2017-04-13 09:23:33 UTC; 13s ago
 Main PID: 908 (sshd)
   CGroup: /system.slice/ssh.service
           └─908 /usr/sbin/sshd -D

Apr 13 09:23:33 raspberrypi systemd[1]: Started OpenBSD Secure Shell server.
Apr 13 09:23:33 raspberrypi sshd[908]: Server listening on 0.0.0.0 port 22.
Apr 13 09:23:33 raspberrypi sshd[908]: Server listening on :: port 22.
root@raspberrypi:/home/pi#
```

图 7.22　再次确认 SSH 服务运行状态

（2）通过命令开启

启动 SSH 服务：

```
$service ssh start
```

设置 SSH 在各等级为 on：

```
$chkconfig ssh on
```

如果没有 chkconfig 命令，则通过 apt-get install chkconfig 安装，如图 7.23 所示。

最后确认 SSH 的状态。

7.3.4　升级 Python 版本

树莓派系统默认的 Python 版本为 Python2 或 Python3.4。由于本书内容基于 Python3.5 版本讲解，因此需要将树莓派开发板上的 Python 升级到 Python3.5。

在树莓派开发板上安装 Python3.5.1 的步骤如下。

```
root@raspberrypi:/home/pi# service ssh start
root@raspberrypi:/home/pi# apt-get install chkconfig
Reading package lists... Done
Building dependency tree
Reading state information... Done
chkconfig is already the newest version.
0 upgraded, 0 newly installed, 0 to remove and 13 not upgraded.
root@raspberrypi:/home/pi# chkconfig | grep ssh
ssh                              off
root@raspberrypi:/home/pi# chkconfig ssh on
root@raspberrypi:/home/pi# chkconfig | grep ssh
ssh                        on
root@raspberrypi:/home/pi# service ssh status
 ● ssh.service - OpenBSD Secure Shell server
   Loaded: loaded (/lib/systemd/system/ssh.service; enabled)
   Active: active (running) since Thu 2017-04-13 09:23:33 UTC; 58min ago
 Main PID: 908 (sshd)
   CGroup: /system.slice/ssh.service
           └─908 /usr/sbin/sshd -D
```

图 7.23　命令行开启树莓派 SSH 服务

（1）创建 Python3.5.1 存放的目录

```
mkdir /opt/python3.5.1
```

（2）下载 Python3.5.1 源代码包

```
wget https://www.python.org/ftp/python/3.5.1/Python-3.5.1.tgz
```

（3）解压

```
tar -zxvf Python-3.5.1.tgz
```

（4）配置、编译、安装

```
cd Python-3.5.1
./configure && make && sudo make install
```

（5）修改 Python 版本

安装好 Python3.5 之后，所在的路径为/usr/local/bin，将/usr/bin 中的 Python 链接到
Python3.5，执行命令

```
rm /usr/bin/python
ln -s /usr/local/bin/python3.5 /usr/bin/python
```

（6）确认 Python 版本为 Python3.5.1

```
# python -V
Python 3.5.1
```

7.3.5　必备工具安装

Python 语言编程效率高，除语言本身简洁之外，还有强大的功能及丰富的第三方模块和包，通过使用现成的模块和包，可不需要从头开始去实现每一个功能，能够快速完成程序开发。其中，包管理工具 pip 用来管理 Python 的包，可使下载、安装、卸载等操作非常方便。

 Python 包管理工具 pip

需要注意的是，由于 Python2 对应的包管理工具为 pip，Python3 对应的包管理工具为 pip3，因此需要安装 pip3，在树莓派开发板上执行以下指令安装 pip3，即

```
sudo apt-get install python3-pip
```

执行完成之后，pip3 就安装成功了，输入 pip3，查看功能，即

```
root@ raspberrypi:/# pip3
Usage：
  pip <command> [options]
Commands：
  install           Install packages.
  uninstall         Uninstall packages.
  freeze            Output installed packages in requirements format.
  list              List installed packages.
  show              Show information about installed packages.
  search            Search PyPI for packages.
  wheel             Build wheels from your requirements.
  zip               DEPRECATED. Zip individual packages.
  unzip             DEPRECATED. Unzip individual packages.
  bundle            DEPRECATED. Create pybundles.
  help              Show help for commands.
```

 安装虚拟运行环境 virtualenv

目前，树莓派开发板上有默认的 Python2 和已安装的 Python3。假设要同时开发多个应用程序，有些程序使用 Python2 或程序所依赖的包和模块只能基于 Python2，有些程序又基于 Python3，如何解决这个问题呢？

在这种情况下，每个应用程序都需要各自拥有一套"独立"的 Python 运行环境。virtualenv（Python 虚拟运行环境）可以为每个应用程序创建一套"隔离"的 Python 运行环境。

首先，用 pip3 安装 virtualenv：

```
$pip3 install virtualenv
```

安装好 virtualenv 之后，假设要开发一个新的项目，需要一套独立的 Python 运行环境，则可以按照下列步骤进行操作。

（1）创建项目目录

```
$mkdir project
$cd project/
```

（2）创建一个名为 venv 的独立 Python 运行环境

```
$virtualenv --no-site-packages venv
```

通过命令 virtualenv 就可以创建一个独立的 Python 运行环境，参数 --no-site-packages 使已经安装到系统 Python 环境中的所有第三方包都不会复制过来，可得到一个不带任何第三方包的"干净"的 Python 运行环境。

（3）激活虚拟环境

```
$source venv/bin/active
```

执行此命令后，可以看到命令提示符前面增加了（venv）的提示符，表明当前使用 venv 的 Python 环境。该命令仅是为了使用方便而已，如果直接使用 venv/bin/pip 安装 Python 包，也可以不使用 activate 命令来激活。

在 venv 环境下，用 pip 安装的包都被安装在 venv 环境下，系统 Python 环境不受任何影响。也就是说，venv 环境是专门针对 project 应用创建的。

（4）退出虚拟环境

使用 deactivate 命令即可退出虚拟环境，退出之后，命令提示符前的（venv）消失。

```
(venv)$deactivate
$
```

此时就回到了正常的环境，现在 pip 或 Python 均在系统 Python 环境下执行。

7.3.6 板载 Wi-Fi 配置

树莓派作为网关需要与远程服务器通信，除了有线网络，树莓派 3 代 B 版还自带板载 Wi-Fi。下面将介绍树莓派板载 Wi-Fi 的配置方法。

树莓派 3 代 B 版自带板载 Wi-Fi 和蓝牙，若想让树莓派开发板通过 Wi-Fi 上网，且不再需要单独购买 Wi-Fi 模块，则通过简单配置板载 Wi-Fi 即可实现。

配置需在命令行操作，前提是需要进入命令行终端，进入命令行终端的方法有多种：串口、SSH、HDMI+显示屏。

 扫描附件 Wi-Fi 热点

通过命令 sudo、iwlist、wlan0、scan 扫描附近所有 Wi-Fi 热点的信息。以下是截取的扫描片段，即

```
wlan0      scan completed：
           Cell 23 - Address：DC：09：4C：62：A8：12
                     Channel：11
                     Frequency：2. 462 GHz（Channel 11）
                     Quality＝64/70    Signal level＝－46 dBm
                     Encryption key：on
                     ESSID："anxiang"
```

其中，每一个 Cell 均代表一个 Wi-Fi 热点；ESSID："anxiang" 表示热点名称为 anxiang，还可以看到其他信息，如通道为 11；dBm 为 RSSI，代表信号强度；Encryption key：on 表示 Wi-Fi 已加密。

 配置 Wi-Fi 上网信息

使用 root 权限在配置文件 wpa_supplicant. conf 中添加 Wi-Fi 账号密码。

打开配置文件：

```
vi /etc/wpa_supplicant/wpa_supplicant. conf
```

在文件末尾添加信息：

```
network＝{
    ssid＝" anxiang"
    psk＝" 12345678"
}
```

ssid 为 Wi-Fi 名称，psk 为密码，保存之后，执行 wpa_cli reconfigure 或 reboot 重启树莓派开发板。

执行命令 ifconfig wlan0 查看 Wi-Fi 的连接状态，如果 inet addr 分配了 IP 地址，则证明 Wi-Fi 连接成功，即

```
root@ raspberrypi：/home/pi# ifconfig wlan0
wlan0      Link encap：Ethernet    HWaddr b8：27：eb：c6：c0：a7
           inet addr：192. 168. 43. 41    Bcast：192. 168. 43. 255    Mask：255. 255. 255. 0
```

在配置方法中，Wi-Fi 密码是明文的，可以通过命令 wpa_passphrase 加密，即

```
root@ raspberrypi:/home/pi# wpa_passphrase "anxiang" "12345678"
network = {
       ssid = "anxiang"
       #psk = "12345678"

psk = dba6b028b5b158ce327bf1f0f7bb5e61e085cdf586d14c4d4f00d5ee97fc9b37
}
```

需要注意的是，该命令只是生成加密格式的密码，还需要手动将加密内容拷贝到配置文件 wpa_supplicant. conf 中才会生效。

也可以通过一条命令完成加密生成、配置文件修改，即

```
wpa_passphrase "anxiang" "12345678" | sudo tee -a
/etc/wpa_supplicant/wpa_supplicant. conf > /dev/null
```

更严谨的方式还需要将配置文件中的#psk = "12345678" 删除。

 ### 无密码 Wi-Fi 配置

针对无密码的 Wi-Fi 热点，需要添加 key_mgmt = NONE 命令，即

```
network = {
    ssid = "anxiang"
    key_mgmt = NONE
}
```

 ### 隐藏的 Wi-Fi 配置

如果路由器为了防止被蹭网而设置成隐藏模式，则需要添加 scan_ssid 配置，即

```
network = {
    ssid = "anxiang"
    scan_ssid = 1

    psk = 5e9fc1a26082c14604853dcb1aacd8c3143cf0621f62e30e68e36d2b9ba1d8f8
}
```

配置多个 Wi-Fi 网络

如果在家、在公司都需要树莓派连接 Wi-Fi，则可以配置多个 Wi-Fi 信息，树莓派会自动识别可以连接的网络，即

```
network = {
    ssid = "officeSSID"
    psk = "passwordOffice"
    id_str = "office"
}

network = {
    ssid = "homeSSID"
    psk = "passwordHome"
    id_str = "home"
}
```

如果在同一环境中有多个 Wi-Fi 热点，则可以通过 priority 设置连接的优先级，priority 的值越大，优先级越高，会优先连接。在以下两个 Wi-Fi 中，树莓派将优先连接 Home-TwoSSID，即

```
network = {
    ssid = "HomeOneSSID"
    psk = "passwordOne"
    priority = 1
    id_str = "homeOne"
}

network = {
    ssid = "HomeTwoSSID"
    psk = "passwordTwo"
    priority = 2
    id_str = "homeTwo"
}
```

7.3.7　串口通信

树莓派开发板作为网关设备，除了可进行逻辑运算和网络连接，还可连接其他外设，如本书项目实战中的树莓派开发板需要使用串口、LoRa 模块及 2G 模块连接。下面将介绍树莓派开发板串口的使用。此处的串口指的是通信串口，而非调试串口。

树莓派 3 代 B 版有 2 个串口，设备节点分别为 ttyAMA0、ttyS0（serial0）。由于 ttyAMA0 默认用于板载蓝牙，因此串口通信采用另外一个。

首先配置通信串口，需要保证两点：

- 开启串口驱动，产生设备节点；

- 不要配置为调试串口，才能作为通信串口。

执行命令 raspi-config，打开配置界面，在此界面中选择 No：

Would you like a login shell to be accessible over serial?

在如下界面中选择 Yes：

Would you like the serial port hardware to be enabled?

PC 和树莓派开发板通过串口连接，通过 PC 串口助手及树莓派开发板串口测试程序进行串口通信验证。

（1）市面上有很多串口通信的 Python 库。其中，pyserial 就是常用的库之一。使用 pyserial 编写测试程序，树莓派将返回 PC 串口助手发送的内容。

安装 pyserial，即

```
pip3 install pyserial
```

树莓派测试程序为

```python
#! /usr/bin/python
import serial
import time
pyserial_test = serial.Serial("/dev/ttyS0", 115200)
def main():
    while True:
        count = pyserial_test.inWaiting()
        if count != 0:
            recv = "pi return: "+pyserial_test.read(count)+"\n"
            pyserial_test.write(recv)
        pyserial_test.flushInput()
        time.sleep(0.1)

if __name__ == '__main__':
    try:
        main()
    except KeyboardInterrupt:
        if pyserial_test != None:
            pyserial_test.close()
```

（2）除了 pyserial，wiringpi 库也提供了串口操作接口。使用 wiringpi Python 编写测试程

序发送 "hello" 给 PC，即

```
#! /usr/bin/python
import wiringpi
serial = wiringpi. serialOpen('/dev/ttyS0',115200)
wiringpi. serialPuts( serial,"hello")
wiringpi. serialClose( serial)
```

网关数据编码与处理

网关作为连接终端设备和后台的枢纽，在运行过程中会接收来自终端设备和后台的各种数据，包括传感器数据、心跳信息、控制指令等。由于这些数据的格式可能多种多样，因此网关需要对各种数据的格式进行编码与处理。

本章主要介绍 Python 处理各种常见编码格式数据的方法，如 CSV 文件、JSON 格式的数据、XML 文件及二进制数据等，还会介绍正则表达式的使用方法。

8.1 读写 CSV 文件

CSV（Comma-Separated Values）为逗号分隔值，也称字符分隔值，因为分隔字符也可以不是逗号，所以文件以纯文本的形式存储表格数据（数字和文本）。纯文本意味着文件是一个字符序列，不含二进制数字那样的被解读数据。

CSV 是一种通用的、相对简单的文件格式，最广泛的应用是在程序之间转移表格数据。如果安装了 excel，则会默认用 excel 打开 CSV 文件。

比如，终端设备将采集的环境参数保存为 env.csv 文件，格式为

```
env_type,env_value
temperature,25
humidity,45
illumination,1000
```

第一行代码分别是环境类型和参数值，用逗号隔开，接下来分别是温度 25、湿度 45、光照强度 1000，可以用 excel 打开 env.csv 文件，如图 8.1 所示。

8.1.1 读取 CSV 文件

Python 提供了 csv 模块读取 CSV 文件，想要读取 env.csv 文件的每一行数据，代码为

	A	B
1	env_type	env_value
2	temperature	25
3	humidity	45
4	illumination	1000

图 8.1　用 excel 打开 env. csv 文件的效果

```
#! /usr/bin/env python
import csv
with open('env. csv') as csvfile:
    readCSV = csv. reader(csvfile, delimiter=',')
    for row in readCSV:
        print(row)
```

运行结果为

```
['env_type', 'env_value']
['temperature', '25']
['humidity', '45']
['illumination', '1000']
```

首先导入 csv 模块，然后通过 open 函数打开 env. csv 文件，需要确保 env. csv 文件放置在当前目录下，否则 open 函数中的文件路径需要调整，接着使用 csv 模块的 reader 读取文件，delimiter=','表示分隔符为逗号。

如果要读取 env. csv 文件的所有数据，则代码为

```
#! /usr/bin/env python
import csv
with open(r 'env. csv') as csvfile:
    readCSV = csv. reader(csvfile, delimiter=',')
    for row in readCSV:
        print(row[0])
print(row[1])
```

运行结果为

```
env_type
env_value
temperature
25
humidity
45
illumination
1000
```

可以通过 row[0]、row[1] 下标的方式读取文件中的每一行数据，除此之外，还可以通过第一行数据类型的关键字进行读取，代码为

```python
#! /usr/bin/env python
import csv
from collections import namedtuple
with open('env.csv') as f:
    f_csv = csv.reader(f)
    headings = next(f_csv)
    Row = namedtuple('Row', headings)
    for r in f_csv:
        row = Row( * r)
        print(row.env_type)
        print(row.env_value)
```

运行结果为

```
temperature
25
humidity
45
illumination
1000
```

还可以读取 env.csv 文件中的每一列，代码为

```python
#! /usr/bin/env python
import csv
with open('env.csv') as csvfile:
    readCSV = csv.reader(csvfile, delimiter=',')
    list_type = [ ]
    list_value = [ ]
    for row in readCSV:
        str_type = row[0]
        str_value = row[1]

        list_type.append(str_type)
        list_value.append(str_value)

    print(list_type)
    print(list_value)
```

运行结果为

```
['env_type', 'temperature', 'humidity', 'illumination']
['env_value', '25', '45', '1000']
```

8.1.2　写入 CSV 文件

Python 提供的 csv 模块除了可读取 CSV 文件，还可以写入 CSV 文件。写入文件需要使用 csv 模块的 writer。

假设有 headers 和 rows 两个列表，即

```
headers = ['name','age','weight']
rows = [('messi', 30, 65),('xavi', 36, 64),('iniesta', 33, 62)]
```

若想将这两个列表中的数据写入 barcelona.csv 文件，可使用下列代码实现，即

```
#! /usr/bin/env python
import csv
headers = ['name','age','weight']
rows = [('messi', 30, 65),('xavi', 36, 64),('iniesta', 33, 62)]
with open('barcelona.csv','w') as f:
    f_csv = csv.writer(f)
    f_csv.writerow(headers)
    f_csv.writerows(rows)
```

执行代码之后，会在当前目录下生成 barcelona.csv 文件，打开文件的内容为

```
name,age,weight
messi,30,65
xavi,36,64
iniesta,33,62
```

需要注意的是，headers 只包含一行数据，使用 writerow 写入；rows 包含多行数据，使用 writerows 写入。

除了可以将列表中的数据写入 CSV 文件，还可以将字典中的数据写入 CSV 文件，代码为

```
#! /usr/bin/env python
import csv
headers = ['name', 'age', 'weight']
rows = [{'name':'messi', 'age':30, 'weight':65},
        {'name':'xavi', 'age':36, 'weight':64},
        {'name':'iniesta', 'age':33, 'weight':62}]

with open('barcelona.csv','w') as f:
    f_csv = csv.DictWriter(f, headers)
    f_csv.writeheader()
    f_csv.writerows(rows)
```

执行代码后，barcelona.csv 文件中的内容与从列表中写入的内容一样。

8.2　JSON 格式

JSON（JavaScript Object Notation）是一种轻量级的数据交换格式，不仅易于阅读和编写，还易于机器解析和生成。JSON 采用完全独立于语言的文本格式，使用了类似 C 语言家族的习惯（包括 C、C++、C#、Java、JavaScript、Perl、Python 等）。

8.2.1　书写格式

书写格式为：名称/值对，数据用逗号分隔，花括号保存对象，方括号保存数组。值可以为数字（整数或浮点数）、字符串（在双引号中）、逻辑值（true 或 false）、数组（在方括号中）、对象（在花括号中）、null 等。

JSON 的对象在花括号中，包含多个名称/值对，如

```
{ "name":"messi" , "age":30 }
```

JSON 的数组在方括号中，包含多个对象，如

```
{"player" : [
{ "name":"messi" , "age":30 },
{ "name":"xavi" , "age":36 },
{ "name":"iniesta" , "age":33 } ] }
```

8.2.2　编码

序列化（Serialization）就是将对象的状态信息转换为可以存储或可以通过网络传输的过程，传输的格式可以为 JSON、XML 等。反序列化就是从存储区域（JSON、XML）读取反序列化对象的状态，并重新创建该对象。

Python 提供了 json 模块用于操作 JSON 格式。json 模块序列化与反序列化的过程分别是 encoding 和 decoding。

encoding（编码）：把一个 Python 对象编码为 JSON 字符串。

decoding（解码）：把 JSON 格式的字符串编码为 Python 对象。

 json. dumps( )

Python 的 json 模块通过 json. dumps( )将 Python 对象编码为 JSON 字符串，代码为

```
>>> import json
>>> data = {'a':1,'b':2}
```

```
>>> type(data)
<class 'dict'>
>>> encode_json = json.dumps(data)
>>> type(encode_json)
<class 'str'>
>>> print(encode_json)
{"a": 1, "b": 2}
```

 格式化数据

json.dumps( )带有很多参数，如 indent 参数是缩进的意思，可以使数据存储的格式变得更加优雅，代码为

```
>>> data = {'a':1,'b':2}
>>> encode_json = json.dumps(data,indent=4)
>>> print(encode_json)
{
    "a": 1,
    "b": 2
}
```

 压缩数据

indent 参数可使输出的数据被格式化，可读性变得更强，是通过增加一些冗余的空白进行填充的。由于 JSON 主要是作为一种数据通信的格式存在的，而网络通信是很在乎数据大小的，无用的空格会占据通信带宽，因此需要对数据进行压缩。json.dumps( )的 separators 参数可以起到这种作用。该参数传递的是一个元组，包含分隔对象的字符串，测试程序为

```
>>> import json
>>> data = {'a':1,'b':2}
>>> len(repr(data))
16
>>> len(json.dumps(data,indent=4))
26
>>> len(json.dumps(data,separators=(',',':')))
13
```

通过该测试程序可知，使用 separators 参数的 JSON 格式的数据最短。

Python 格式向 JSON 格式转化的对照表为

Python	JSON
dict	object
list，tuple	array
str，unicode	string
int，float	number
True	true
False	false
None	null

 ### json. dump( )

Python 的 json 模块通过 json. dump( )将 Python 的数据对象转换为 JSON 格式并写入文件，程序为

```
>>> import json
>>> data = {'a':1,'b':2}
>>> with open('dump. json','w') as f:
...    json. dump(data,f)
...
>>>
```

该程序会把 Python 字典中的 data 内容转换为 JSON 格式并写入当前目录的 dump. json 文件。

8.2.3　解码

Python 的 json 模块通过 json. loads( )可解码 JSON 格式并返回 Python 字段的数据格式，程序为

```
>>> import
>>>org_json = '{"name":"messi","type":{"name":"xavi","age":["1","2"]}}'
>>> decode_json = json. loads(org_json)
>>> print(decode_json)
{'type': {'age': ['1', '2'], 'name': 'xavi'}, 'name': 'messi'}
>>> print(decode_json["name"])
messi
>>> print(decode_json["type"])
{'age': ['1', '2'], 'name': 'xavi'}
>>> print(decode_json["type"]["name"])
xavi
```

JSON 格式转换为 Python 格式的对照表为

JSON	Python
object	dict
array	list
string	unicode
number（int）	int
number（real）	float
true	True
false	False
null	None

 json. load( )

Python 的 json 模块通过 json. load( )可从 JSON 格式文件中读取数据，并将 JSON 格式的字符串转换为 Python 格式，程序为

```
>>> import json
>>> with open('dump. json','r') as f:
...     data = json. load(f)
...
>>> print(data)
{'a': 1, 'b': 2}
>>> type(data)
<class 'dict'>
```

该程序会把当前目录下 dump. json 文件中的 JSON 格式数据转换为 Python 的字典格式。

8.3 XML 文件

XML 格式虽然比 JSON 格式复杂，但是作为一种常用的数据格式，在物联网应用中依然很常见，熟悉 Python 对 XML 文件的操作是非常有必要的。

8.3.1 XML 文件简介

XML（可扩展性标记语言）是一种非常常用的文件类型，主要用于存储和传输数据。XML 文件的格式为

```
<zoo>
    <animal id='1'>
        <name>dog</name>
        <age>2</age>
    </animal>
```

```
    <animal id='2'>
        <name>tiger</name>
        <age>3</age>
    </animal>
</zoo>
```

XML 文件有下列特征：

- 由标签对组成：<zoo></zoo>；

- 标签可以有属性：<animal id='1'>；

- 标签对可以嵌入数据：<name>dog</name>；

- 标签可以嵌入子标签，具有层级关系，即

```
    <zoo>
        <animal></animal>
    </aa>
```

Python 对 XML 文件的操作方法主要有三种：DOM、SAX 及 ElementTree。

DOM 会把整个 XML 文件读入内存并解析为树，缺点是占用内存大、解析慢，优点是可以任意遍历树的节点。

SAX 是流模式，边读边解析，占用内存小，解析快，缺点是需要自己处理事件。SAX 模块牺牲了便捷性，换取了速度和内存占用，是一个基于事件的 API。意味着，它可以"在空中"处理庞大的文件，不用完全加载进内存。

xml. etree. ElementTree 模块（简称 ET）提供了轻量级 Python 式的 API，相对于 DOM 来说，快了很多，而且有很多 API 可以使用，相对于 SAX 来说，ET. iterparse 也提供了"在空中"的处理方式，没有必要加载整个文件到内存，性能与 SAX 差不多，API 的效率更高一点，使用起来很方便。

8.3.2　解析 XML 文件

准备一个名为 zoo. xml 的 XML 文件，完整内容为

```
    <? xml version="1.0" encoding="utf-8"? >
    <zoo>
        <animal id='1'>
            <name>dog</name>
            <age>2</age>
        </animal>
        <animal id='2'>
            <name>tiger</name>
            <age>3</age>
        </animal>
    </zoo>
```

首先导入 ElementTree 模块，即

```
import xml. etree. ElementTree as ET
```

加载 zoo. xml 文件，即

```
root = ET. parse('zoo. xml')
```

通过 getiterator() 获取指定节点，即

```
animal_node = root. getiterator("animal")
```

利用 getchildren() 获取子节点，并将便签和值打印出来，即

```
for node in animal_node：
    animal_node_child = node. getchildren()[0]
    print(animal_node_child. tag+':'+animal_node_child. text)
```

element 对象的标签、属性和值如下：

- 标签 = element. tag；

- 属性 = element. attrib；

- 值　 = element. text。

以上步骤的完整代码为

```
#! /usr/bin/env python
import xml. etree. ElementTree as ET
root = ET. parse('zoo. xml')
animal_node = root. getiterator("animal")
for node in animal_node：
    animal_node_child = node. getchildren()[0]
    print(animal_node_child. tag+':'+animal_node_child. text)
```

运行结果为

```
name：dog
name：tiger
```

 find 和 findall 方法

find 方法用于查找指定的第一个节点，即

```
#! /usr/bin/env python
import xml. etree. ElementTree as ET
```

```
root = ET.parse('zoo.xml')
zoo_find=root.find('animal')
for note in zoo_find:
    print(note.tag+':'+note.text)
```

运行后，可打印出第一个 animal 的所有内容，即

```
name:dog
age:2
```

findall 方法用于查找指定的所有节点，即

```
#! /usr/bin/env python
import xml.etree.ElementTree as ET
root = ET.parse('zoo.xml')
zoo=root.findall('animal')
for zoo_animal in zoo:
    for note in zoo_animal:
        print(note.tag+':'+note.text)
```

运行后，可打印出所有 animal 标签的内容，即

```
name:dog
age:2
name:tiger
age:3
```

8.3.3　创建与修改

除了需要解析 XML 文件，有时候还需要修改 XML 文件中的内容或创建一个 XML 文件，ElementTree模块提供了这样的支持。

 创建 XML 文件

使用 ElementTree 模块创建 XML 文件的流程如下。

（1）导入 ElementTree 模块

```
import xml.etree.ElementTree as ET
```

（2）创建根节点

```
root = ET.Element("root")
```

（3）创建子节点 sub1，并为其添加属性

```
sub1 = ET. SubElement(root,"sub1")
sub1. attrib = {"attribute":"sub1 attribute"}
```

（4）创建子节点 sub2，并为其添加数据

```
sub2 = ET. SubElement(root,"sub2")
sub2. text = "new xml"
```

（5）创建子节点 sub3，并为其添加数据

```
sub3 = ET. SubElement(root,"sub3")
sub3. text = "sub3 value"
```

（6）创建 elementtree 对象，并写入文件

```
tree = ET. ElementTree(root)
tree. write("new. xml")
```

流程的完整代码为

```
#! /usr/bin/env python
import xml. etree. ElementTree as ET
root = ET. Element("root")

sub1 = ET. SubElement(root,"sub1")
sub1. attrib = {"attribute":"sub1 attribute"}

sub2 = ET. SubElement(root,"sub2")
sub2. text = "new xml"

sub3 = ET. SubElement(root,"sub3")
sub3. text = "sub3 value"

tree = ET. ElementTree(root)
tree. write("new. xml")
```

运行后，会在当前目录下生成 new. xml 文件，内容为

```
<root><sub1 attribute="sub1 attribute" /><sub2>new xml</sub2><sub3>sub3 value</sub3></root>
```

调整一下格式，也就是

```
<root>
    <sub1 attribute="sub1 attribute" />
    <sub2>new xml</sub2>
    <sub3>sub3 value</sub3>
</root>
```

 修改 XML 文件

ElementTree 模块提供了多种修改 XML 文件的方法：

- ElementTree. write("xmlfile")：更新 XML 文件；

- Element. append()：为当前的 element 对象添加子元素（element）；

- Element. set(key,value)：为当前 element 的 key 属性设置 value 值；

- Element. remove(element)：删除为 element 的节点。

修改 XML 文件的流程如下。

（1）导入 ElementTree 模块

```
import xml. etree. ElementTree as ET
```

（2）读取将被修改的文件并获取根节点，此处使用前文生成的 new. xml

```
tree = ET. parse("new. xml")
root = tree. getroot()
```

（3）创建新节点 sub_new，添加属性和数据，并将其设置为 root 的子节点

```
sub_new = ET. Element("sub_new")
sub_new. attrib = {"name":"messi","age":"30"}
sub_new. text = "new element"
root. append(sub_new)
```

（4）修改 sub1 的 attribute 属性

```
sub1 = root. find("sub1")
sub1. set("attribute","new attribute")
```

（5）修改 sub2 的数据

```
sub2 = root. find("sub2")
sub2. text = "new value"
```

（6）删除子节点 sub3

```
sub3 = root.find("sub3")
sub3.remove(sub3)
```

（7）将修改结果写回原文件

```
tree.write("new.xml")
```

流程的完整代码为

```
#! /usr/bin/env python
import xml.etree.ElementTree as ET

tree = ET.parse("new.xml")
root = tree.getroot()

sub_new = ET.Element("sub_new")
sub_new.attrib = {"name":"messi","age":"30"}
sub_new.text = "new element"
root.append(sub_new)

sub1 = root.find("sub1")
sub1.set("attribute","new attribute")

sub2 = root.find("sub2")
sub2.text = "new value"

sub3 = root.find("sub3")
root.remove(sub3)

tree.write("new.xml")
```

运行后，new.xml 文件的内容将被修改为

```
<root><sub1 attribute="new attribute" /><sub2>new value</sub2><sub_new age="30" name=
"messi">new element</sub_new></root>
```

将 new.xml 调整一下格式后，更加直观，即

```
<root>
    <sub1 attribute="new attribute" />
    <sub2>new value</sub2>
    <sub_new age="30" name="messi">new element</sub_new>
</root>
```

可以看出，程序运行结果与预期一致：节点 sub1 的属性被修改，节点 sub2 的数据被修改，新增了子节点 sub_new，原来的节点 sub3 被删除。

8.4　二进制数据的读写

有的时候需要用 Python 处理二进制数据，如存取文件或 socket 通信时，可以使用 Python 的 struct 模块完成，用 struct 模块处理 C 语言中的结构体。

结构体在 C 语言中定义了一种结构，包含不同类型的数据（int、char、bool 等），可方便对某一结构对象进行处理。在网络通信中，传输的数据大多是以二进制流（Binary Data）的形式存在的，当传输字符串时，不必担心太多的问题，当传输诸如 int、char 之类的基本数据时，就需要有一种机制，先将某些特定的结构体类型打包成二进制流的字符串，再通过网络传输，接收端通过某种机制解包还原出原始的结构体数据。Python 中的 struct 模块就提供了这样的机制。该模块的主要作用是对 Python 基本数据类型与用 Python 字符串格式表示的 C 语言 struct 类型进行转换。

struct 模块中最重要的函数为 pack()、unpack() 和 calcsize()：

- pack(fmt, v1, v2, …)，按照给定的格式（fmt）把数据封装成字符串（实际上是类似于 C 语言中结构体的字节流）；
- unpack(fmt, string)，按照给定的格式（fmt）解析字节流 string，返回解析出来的 tuple（元组）；
- calcsize(fmt)，计算给定的格式（fmt）占用多少字节的内存。

测试代码为

```
>>> import struct
>>> import binascii
>>> p_data = struct.pack('I4s', * data)
>>> print(binascii.hexlify(p_data))
b'0100000061626364'
>>> unp_data = struct.unpack('I4s',p_data)
>>> type(unp_data)
<class 'tuple'>
>>> print(unp_data)
(1, b'abcd')
```

在测试代码中，首先定义了一个元组，包含 int、bytes 两种数据类型。注意，格式化字符串的值在 Python3 中的类型是 bytes 类型，需要在 bytes 类型前面加上一个 b 后，再通过 struct 的 pack 打包，并制定 format 'I4s' 的规则，I 表示 int，4s 表示三个字符长度的字符串。由输出结果可知，data 被 pack 之后，首先转化为一段二进制字节串，然后通过 struct 的 unpack 对打包的二进制数据进行解包，将字符串再转换回元组。

定义 format 可以参照官方 API 提供的对照表，如图 8.2 所示。

format	C Type	Python Type	Seandard Size
x	pad byte	no value	
c	char	bytes of length 1	1
b	signed char	integer	1
B	unsigned char	integer	1
?	_Bool	bool	1
h	short	integer	2
H	unsigned short	integer	2
i	int	integer	4
I	unsigned int	integer	4
l	long	integer	4
L	unsigned long	integer	4
q	long long	integer	8
Q	unsigned long long	integer	8
n	ssize_t	integer	
N	size_t	integer	
e	(7)	float	2
f	float	float	4
d	double	float	8
s	char[]	bytes	
P	char[]	bytes	
p	void *	integer	

图 8.2　官方 API 提供的对照表

struct.calcsize 用于计算格式字符串对应的长度，如 struct.calcsize('ii') 返回 8，因为两个 int 数据类型占用的长度是 8 个字节，代码为

```
>>> print(struct.calcsize('i'))
4
>>> print(struct.calcsize('ii'))
8
>>> print(struct.calcsize('s'))
1
>>> print(struct.calcsize('is'))
5
>>> print(struct.calcsize('d'))
8
>>> print(struct.calcsize('f'))
4
```

8.5　Base64 编解码

在某些系统中只能使用 ASCII 字符。Base64 就是用来将非 ASCII 字符的数据转换为 ASCII 字符数据的一种方法，特别适用于 HTTP 和 MIME 协议下快速传输数据。

Base64 首先要求把每 3 个 8bit 的字节转换为 4 个 6bit 的字节（3×8 = 4×6 = 24），然后

把 6bit 字节的高两位添 0，组成 4 个 8bit 的字节。也就是说，转换后的字符串在理论上要比原来的长 1/3。比如，有 3 个字节的原始数据 aaaaaabb　bbbbcccc　ccdddddd，那么编码之后会变成 00aaaaaa　00bbbbbb　00cccccc　00dddddd。

如果要编码的二进制数据不是 3 的倍数，则最后剩下 1 个或 2 个字节怎么办呢？Base64 先用 \x00 字节在末尾补足，再在编码的末尾加上 1 个或 2 个等号（=），表示补了多少个字节，解码的时候，等号会自动被去掉。

Python 提供了 base64 模块进行 Base64 编码、解码，常用的方法有 b64encode、b64decode、urlsafe_b64encode、urlsafe_b64decode 等。下面将在 Python 解释器中体验一下编码、解码的操作，即

```
>>> import base64
>>> str = 'Python Iot'
>>> en = base64. b64encode( str. encode( ) )
>>> print( en)
b'UHl0aG9uIElvdA=='
>>> print( en. decode( ) )
UHl0aG9uIElvdA==
>>> de = base64. b64decode( en)
>>> print( de)
b'Python Iot'
>>> print( de. decode( ) )
Python Iot
```

首先导入 base64 模块，然后定义一个字符串，使用 b64encode 将其编码为 Base64。需要注意的是，Python3 需要使用 encode( ) 转换为 bytes。UHl0aG9uIElvdA== 就是 Base64 编码，使用 b64decode( ) 解码，通过 decode( ) 将 bytes 转换为字符串后，得到原始的数据。

另外，由于在标准的 Base64 编码后可能出现字符加号（+）和斜杠（/），+ 和 / 在 URL 中不能直接作为参数，因此 Python 的 base4 模块提供了 urlsafe_ b64encode 方法将 + 和 / 分别转换为横杠（-）和下画线（_），使用 urlsafe_b64decode 方法将 - 和 _ 分别转换为 + 和 /。

测试代码为

```
>>> import base64
>>> base64. b64encode( b'i\xb7\x1d\xfb\xef\xff')
b'abcd++//'
>>> en_url = base64. urlsafe_b64encode( b'i\xb7\x1d\xfb\xef\xff')
>>> print( en_url)
b'abcd--__'
>>> de_url = base64. urlsafe_b64decode( en_url)
>>> print( de_url)
b'i\xb7\x1d\xfb\xef\xff'
```

8.6　正则表达式

正则表达式又称规则表达式，英文名为 Regular Expression，在代码中常简写为 regex、regexp 或 RE，是计算机科学中的一个概念。正则表达式通常用来检索、替换那些符合某个规则的文本。

正则表达式是对字符串和特殊字符操作的一种逻辑公式，用事先定义好的一些特定字符及这些特定字符的组合组成一个"规则字符串"。这个"规则字符串"用来表达对字符串的一种过滤逻辑。正则表达式是一种文本模式，描述在搜索文本时要匹配的一个或多个字符串。

8.6.1　语法

正则表达式是一种用来匹配字符串的强有力武器。它的设计思想是用一种描述性的语言给字符串定义一个规则，凡是符合规则的字符串，就认为匹配成功；否则，该字符串就是不合法的。

正则表达式并不是 Python 独有的一部分。它拥有自己独特的语法及一个独立的处理引擎。在支持正则表达式的编程语言中，正则表达式的语法都是一样的，区别只在于不同的编程语言可实现的方式不同。

字符串是编程时经常涉及的一种数据结构，需要对字符串进行操作的编程场景不胜枚举。比如，注册一个网站时，需要用户设置的密码既要有大小写字母，还要有数字和特殊字符，此时就可以使用正则表达式来匹配用户提交的密码，判断其是否满足网站对合法密码的要求。

使用正则表达式判断用户密码的设置是否合法的方法为：

- 创建一个匹配密码的正则表达式；
- 用该正则表达式去匹配用户输入的密码来判断是否合法。

在正则表达式中，如果直接给出字符，就是精确匹配。由于使用 \d 可以匹配一个数字，使用 \w 可以匹配任意大写字母、小写字母和数字，因此'\d\d\d'可以匹配 '123'、'\w\w\w'可以匹配 'Aa1'、'\w\d\w'可以匹配'A1a'。

由于点号(.)可以匹配任意字符，因此'a.'可以匹配 'aA'、'a1'、'a#'等。

以上的匹配方法均是匹配单一字符。正则表达式有多种方法匹配变长字符，如使用型号（＊）匹配前一个字符无限次（包括 0 次）、使用加号(+)匹配前一个字符 1 次或无限次、使用问号(?)匹配 0 个或 1 个字符、使用{n}表示匹配前一个字符 n 次。

- 'a＊' 可以将'aaaabcd'中所有的 a 匹配出来，结果为 aaaa。
- 'a＊b+' 可以将'aaaabcd'中所有的 a 和 b 匹配出来，结果为 aaaab。

- 'a？' 最多只匹配'aaaabcd'中的 a 一次，结果为 a。

- 'a{3}' 会匹配'aaaabcd'中的 a 三次，结果为 aaa。

Python 支持常用正则表达式的语法为

语　　法	说　　明
.	匹配任意除换行符(\n)之外的字符
\	转义字符
\d	数字，0~9
\s	空白字符，如空格、\t、\r、\n
\w	匹配所有大写字母、小写字母、数字
*	匹配前一个字符 0 次或无限次
+	匹配前一个字符 1 次或无限次
？	匹配前一个字符 0 次或 1 次
{n}	匹配前一个字符 *n* 次
^	匹配被匹配对象的开头
$	匹配被匹配对象的末尾

8.6.2　re 模块

Python 提供了 re 模块来支持所有正则表达式的功能。需要注意的是，由于 Python 的字符串同样使用反斜杠(\)进行转义，因此使用 r 前缀来替代\。以下两种方式均表示字符串 abc\123：

- \ 方式：str ='abc\\123'；

- r 前缀方式：str = r'abc\123'。

使用 re 模块的一般步骤是先将正则表达式的字符串形式编译为 Pattern 实例，再使用 Pattern 实例处理文本并获得匹配结果（一个 Match 实例），最后使用 Match 实例获得信息，进行其他的操作。

当使用 Python 的正则表达式时，re 模块的内部实际上进行了两步操作：

- 编译正则表达式，如果正则表达式的字符串本身不合法，则会报错；

- 用编译后的正则表达式去匹配字符串。

编译的好处就是，如果一个正则表达式需要重复使用很多次，则可以预编译该正则表达式，在重复使用时就不需要编译这个步骤了，相当于省去了第一步，直接执行第二步进行匹配，提升了效率。

re 模块的流程代码为

```
1 #! /usr/bin/env python
2 import re
3 pattern = re. compile( r'\d+')
4 m = pattern. match('123Python')
5 if m:
6     print( m. group( ) )
7 else:
8     print('failed')
```

在流程代码中，首先导入 re 模块，然后通过 re. compile( )将字符串形式的正则表达式编译为 Pattern 对象，紧接着通过 pattern. match( )去匹配字符串'123Python'，如果匹配成功，则返回匹配结果；否则，提示匹配失败。

 match

在流程代码中，第 4 行的 m 是一个 match 对象，是一次匹配的结果，包含很多关于此次匹配的信息，可以使用提供的属性或方法来获取这些信息。

match 对象的属性如下：

- string：匹配时使用的文本。

- re：匹配时使用的 Pattern 对象。

- pos：文本中正则表达式开始搜索的索引，值与 Pattern. match( )和 Pattern. seach( )方法的同名参数相同；

- endpos：文本中正则表达式结束搜索的索引，值与 Pattern. match( )和 Pattern. seach( )方法的同名参数相同；

- lastindex：最后一个被捕获的分组在文本中索引，如果没有被捕获的分组，将为 None。

- lastgroup：最后一个被捕获分组的别名，如果这个分组没有别名或者没有被捕获的分组，将为 None。

在 Python 交互式解释器中的体验代码为

```
>>> import re
>>> pattern = re. compile( r'( \d+) ( \w+) ( ? P<IoT>. * )')
>>> m = pattern. match('123Python')
>>> m. string
'123Python'
>>> m. re
re. compile('( \\d+) ( \\w+) ( ? P<IoT>. * )')
>>> m. pos
0
```

```
>>> m. endpos
9
>>> m. lastindex
3
>>> m. lastgroup
'IoT'
```

match 对象的方法有：

- group([group1,…])：获得一个或多个分组截获的字符串；指定多个参数时将以元组形式返回；group1 可以使用编号也可以使用别名；编号 0 代表整个匹配的子串；不填写参数时返回 group(0)；没有截获字符串的组返回 None；截获了多次的组返回最后一次截获的子串。

- groups([default])：以元组形式返回全部分组截获的字符串，相当于调用 group(1,2,…last)，default 表示没有截获字符串的组以这个值替代，默认为 None。

- groupdict([default])：返回以有别名的组的别名为键，以该组截获的子串为值的字典，没有别名的组不包含在内，default 的含义同上。

- start([group])：返回指定的组截获的子串在 string 中的起始索引（子串第一个字符的索引），group 的默认值为 0。

- end([group])：返回指定的组截获的子串在 string 中的结束索引（子串最后一个字符的索引+1），group 的默认值为 0。

在 Python 交互式解释器中的体验代码为

```
>>> import re
>>> pattern = re. compile(r'(\d+)(\w+)(? P<IoT>. * )')
>>> m = pattern. match('123Python')
>>> m. group(1)
'123'
>>> m. group(2)
'Python'
>>> m. groups()
('123', 'Python', '')
>>> m. groupdict()
{'IoT': ''}
>>> m. start(2)
3
>>> m. end(1)
3
```

 Pattern

Pattern 对象是一个编译好的正则表达式，必须使用 re. compile() 进行构造，提供了多个可读属性用于获取表达式的相关信息，以及一系列方法对文本进行匹配和查找。

Pattern 对象提供的属性有：

- pattern：编译时使用的表达式字符串；

- flags：编译时使用的匹配模式，数字形式；

- groups：表达式中分组的数量；

- groupindex：以表达式中有别名的组的别名为键，以该组对应的编号为值的字典，没有别名的组不包含在内。

在 Python 交互式解释器中的体验代码为

```
>>> import re
>>> pattern = re. compile( r'( \d+)( \w+)( ? P<IoT>. * )')
>>> pattern. pattern
'( \\d+)( \\w+)( ? P<IoT>. * )'
>>> pattern. flags
32
>>> pattern. groups
3
>>> pattern. groupindex
{ 'IoT': 3}
>>>
```

除了属性，Pattern 对象还提供了多种方法。这些方法同样可以直接被 re 使用。

（1）match

在前文中已经详细介绍了 match。

（2）search(string[, pos[, endpos]]) | re. search(pattern, string[, flags])

这个方法用于查找字符串中可以匹配成功的子串，从 string 的 pos 下标处开始尝试匹配 pattern，如果 pattern 结束时仍可匹配，则返回一个 Match 对象；若无法匹配，则将 pos 加 1 后重新尝试匹配，直到 pos=endpos 时仍无法匹配，则返回 None。pos 和 endpos 的默认值分别为 0 和 len(string)）。re. search( )无法指定这两个参数。参数 flags 用于编译 pattern 时指定匹配模式。

比如，查看字符串中是否有'Python'，代码为

```
#! /usr/bin/env python
import re
pattern = re. compile( r'Python')
m = pattern. search( 'Python-IoT')
if m:
```

```
    print(m. group())
else：
    print('failed')
```

（3）split(string[, maxsplit]) | re. split(pattern, string[, maxsplit])

按照能够匹配的子串将 string 分割后返回列表，maxsplit 用于指定最大分割次数，若不指定，则全部分割。

比如，使用 split 消除字母之间的空格，代码为

```
>>> import re
>>> pattern = re. compile(r'\s+')
>>> pattern. split('a    b c        d')
['a', 'b', 'c', 'd']
```

也可以直接使用 re 调用，代码为

```
>>> re. split(r'\s+','a    b c        d')
['a', 'b', 'c', 'd']
```

消除逗号、分号，代码为

```
>>> re. split(r'[ \s+\,\;]','a b,c;d')
['a', 'b', 'c', 'd']
```

（4）findall(string[, pos[, endpos]]) | re. findall(pattern, string[, flags])

搜索 string，并以列表的形式返回全部能够匹配的子串。

比如，返回字符串中的所有数字，代码为

```
>>> re. findall(r'\d+','a1b2c3d4')
['1', '2', '3', '4']
```

（5）finditer(string[, pos[, endpos]]) | re. finditer(pattern, string[, flags])

搜索 string，返回一个顺序访问每一个匹配结果的迭代器，代码为

```
#! /usr/bin/env python
import re
pattern = re. compile(r'\d+')
for m in pattern. finditer('a1b2c3d4')：
    print(m. group())
```

运行结果为

```
1
2
3
4
```

8.6.3　贪婪匹配

Python 的正则表达式默认是贪婪匹配的，也就是匹配尽可能多的字符。比如，匹配出数字 1001000 后面的 0，代码为

```
>>> re. match(r'^( \d+)(0 * )$', '1001000'). groups( )
('1001000', '')
```

由于\d+采用贪婪匹配，把后面所有的 0 都匹配了，结果 0 * 只能匹配到空字符串，因此必须让\d+采用非贪婪匹配，也就是尽可能少匹配，才能把后面的 0 匹配出来，加个问号（?）就可以让\d+采用非贪婪匹配，代码为

```
>>> re. match(r'^( \d+?)(0 * )$', '1001000'). groups( )
('1001', '000')
```

第**9**章 网关多进程与多线程

由于现代操作系统几乎都支持多任务，因此才能一边听着音乐，一边上网查资料，一边编写代码。听音乐、查资料、编写代码就是三个不同的任务。CPU 执行代码是按顺序执行的，之所以感觉三个任务在同时运行，是因为程序将每个任务分割成了多个小任务，CPU 轮流执行这些小任务，并且执行的时间非常短，如 0.000001 秒。由于 CPU 在每个小任务上停留的时间很短，在小任务之间切换的速度非常快，因此无法感觉到这种切换，感觉多个任务在"同时"执行。

听音乐、查资料从操作系统的角度可以看作是一个**进程**。听音乐内部的小任务可以看作是**线程**。每个进程必须至少有一个线程。系统为每个进程分配内存等资源。进程所包含的线程均共享这些资源。CPU 时间片的轮询是基于线程的。因此，进程是资源分配的最小单位，线程是 CPU 调度的最小单位。

正是有了多个进程（多进程）和线程的结合才实现了多个任务的功能。同样，物联网网关任务多，功能复杂，需要监听来自终端设备的 LoRa 数据并读取，需要解析这些数据并给出策略：转发还是写入数据库，还需要接收来自服务器后台的网络数据并进行解析。网关程序是多任务的，熟悉 Python 线程、进程的使用对于网关程序的编写非常重要。

9.1 多进程

Python 提供了 multiprocessing 模块管理多进程，可以轻松实现多进程的程序设计。multiprocessing 模块支持子进程、通信和数据共享，提供了多种形式的同步机制及 Process、Queue、Pipe、Lock 等组件。

multiprocessing 模块常用的组件及功能如下。

进程的创建与管理组件：

- Process：用于创建子进程，可以实现多进程的创建、启动、关闭等操作。

- Pool：用于创建管理进程池，当子进程非常多且需要控制子进程数量时使用。

- Manager：通常与 Pool 一起使用，用于资源共享。

- Pipe：用于进程间的管道通信。

- Queue：用于进程通信。

- Value，Array：用于进程通信，资源共享。

子进程同步组件：

- Condition：条件变量。

- Event：用来实现进程间的同步通信。

- Lock：锁。

- RLock：多重锁。

- Semaphore：用来控制对共享资源的访问数量。

9.1.1　multiprocessing 模块

multiprocessing 模块提供了 Process 组件用于创建子进程，方法为：Process（［group ［，target ［，name ［，args ［，kwargs］］］］］）。其中，group 表示线程组，目前还没有实现；target 代表要执行的方法；name 为进程名；args/kwargs 为要传入的参数。

Process 组件还提供了多个实例方法和属性。

 实例方法

- is_alive（）：返回进程是否在运行。

- join（［timeout］）：阻塞当前上下文环境的进程，直到调用此方法的进程终止或到达指定的 timeout（可选参数）。

- start（）：进程准备就绪，等待 CPU 调度。

- run（）：start（）调用 run 方法，如果实例进程时未指定传入 target，则 star 默认执行 run（）。

- terminate（）：不管任务是否完成，立即停止进程。

 属性

- daemon：与线程 setDeamon 的功能一样（将父进程设置为守护进程，当父进程结束时，子进程也结束）。

- exitcode：进程在运行时为 None，如果为-N，则表示被信号 N 结束。

- name：进程名字。

● pid：进程号。

使用 Process 组件创建多个子进程，代码为

```python
#! /usr/bin/env python
import multiprocessing
import time

def process1(interval):
    while True:
        print('process1 is running')
        time.sleep(interval)

def process2(interval):
    while True:
        print('process2 is running')
        time.sleep(interval)

if __name__ == '__main__':
    p1 = multiprocessing.Process(target = process1, args = (2,))
    p2 = multiprocessing.Process(target = process2, args = (2,))

    p1.start()
    p2.start()

    while True:
        for p in multiprocessing.active_children():
            print('child Process:' + p.name + '\t,id:' + str(p.pid) +' is alive')
        print('main process is running')
        time.sleep(2)
```

在程序代码中，首先导入 multiprocessing 模块，然后定义两个函数 process1() 和 process2()，调用 Process 组件将函数名赋予 target，通过 start() 启动两个子进程后，周期性地检测进程状态。程序的运行结果为

```
child Process:Process-1,id:4525 is alive
child Process:Process-2,id:4526 is alive
main process is running
process1 is running
process2 is running
child Process:Process-1,id:4525 is alive
process1 is running
process2 is running
child Process:Process-2,id:4526 is alive
main process is running
```

还可以将进程定义为类，代码为

```
#! /usr/bin/env python
import multiprocessing
import time

class ChildProcess(multiprocessing.Process):
    def __init__(self, interval):
        multiprocessing.Process.__init__(self)
        self.interval = interval

    def run(self):
        while True:
            print('ChildProcess is running')
            time.sleep(self.interval)

if __name__ == '__main__':
    p = ChildProcess(2)
    p.start()
    while True:
        print('MainProcess is running')
        time.sleep(2)
```

执行程序代码，当 p 调用 start() 方法时，会自动调用 run() 方法启动子进程，运行结果为

```
MainProcess is running
ChildProcess is running
MainProcess is running
ChildProcess is running
```

9.1.2 进程同步

当多个进程需要访问共享资源时，为了避免冲突，multiprocessing 模块提供了多种机制实现进程间的同步。

 Lock

multiprocessing 提供了 Lock（锁）机制，通过对共享资源上锁的方式可避免多个进程的访问冲突。比如，有两个进程同时写一个文件 share.txt，在代码中就可以通过 Lock 的使用避免写入文件时发生混乱，即

```
#! /usr/bin/env python
import multiprocessing
import sys
```

```
def process1(lock, f):
    with lock:
        fs = open(f, 'a+')
        times = 10
        while times > 0:
            fs.write('process1 write\n')
            times -= 1
        fs.close()


def process2(lock, f):
    lock.acquire()
    try:
        fs = open(f, 'a+')
        times = 10
        while times > 0:
            fs.write('process2 write\n')
            times -= 1
        fs.close()
    finally:
        lock.release()


if __name__ == '__main__':
    lock = multiprocessing.Lock()
    f = 'share.txt'
    p1 = multiprocessing.Process(target = process1, args=(lock, f))
    p2 = multiprocessing.Process(target = process2, args=(lock, f))
    p1.start()
    p2.start()
    p1.join()
    p2.join()
```

在程序代码中，进程 process2 通过 lock.acquire() 上锁，当完成对文件 share.txt 的写操作时，通过 lock.release() 解锁，只有在解锁的情况下，进程 process1 才有权利对 share.txt 执行写操作。

 RLock

RLock 是 Lock 的递归版。lock.aquire() 是请求锁。当前的锁为锁定状态时，lock.aquire() 会阻塞等待锁释放。如果写了两个 lock.aquire() 会产生死锁，则第二个 lock.aquire() 会永远等待。

使用 RLock 则不会出现这种情况，RLock 支持给同一资源上多把锁，上多少把锁，就释放多少次。

Semaphore

Semaphore 有信号量的意思，与 Lock 有些类似，可以指定允许访问资源的进程数量。通俗来讲就是，该资源有多个门，每个门对应一把锁。一个进程访问了该资源，锁了门，还有其他门可以使用。如果所有的门都被锁了，那么新的进程就必须等待现有进程退出并释放锁后才可以访问。测试程序为

```python
#! /usr/bin/env python
import multiprocessing
import time

def process1():
    s.acquire()
    print('process1 acquire and it will sleep 5 s');
    time.sleep(5)
    print('process1 release');
    s.release()

def process2():
    s.acquire()
    print('process2 acquire and it will sleep 5 s');
    time.sleep(5)
    print('process2 release');
    s.release()

def process3():
    print('process3 try to start')
    s.acquire()
    print('process3 acquire and it will sleep 5 s');
    time.sleep(5)
    print('process3 release');
    s.release()

if __name__ == '__main__':
    s = multiprocessing.Semaphore(2)
    p1 = multiprocessing.Process(target = process1)
    p2 = multiprocessing.Process(target = process2)
    p3 = multiprocessing.Process(target = process3)
    p1.start()
    time.sleep(1)
    p2.start()
    time.sleep(1)
    p3.start()
    time.sleep(1)
```

运行结果为

```
process1 acquire and it will sleep 5 s
process2 acquire and it will sleep 5 s
process3 try to start
process1 release
process3 acquire and it will sleep 5 s
process2 release
process3 release
```

在测试程序中，通过 Semaphore(2) 限制为最多两个进程同时访问，随后依次启动了 3 个进程，当前两个进程未退出时，进程 3 尝试访问失败，当进程 1 退出后，进程 3 才获得权限。

9.1.3　进程间通信

进程之间有时是需要互相通信的。Python 的 multiprocessing 模块提供了 Pipe、Queue 等多种方式实现进程间通信。

Pipe 顾名思义，就是管道。Queue 是队列。

Queue 是多进程安全的队列，可以实现多进程之间的数据传递。put 用于插入数据到队列，还有两个可选参数：blocked 和 timeout。如果 blocked 为 True（默认值），并且 timeout 为正值，则 put 会阻塞 timeout 指定的时间，直到队列有剩余的空间。如果超时，则会抛出 Queue.Full 异常。如果 blocked 虽为 False，但 Queue 已满，则会立即抛出 Queue.Full 异常。

get 可以从队列中读取并删除一个元素，有两个可选参数：blocked 和 timeout。如果 blocked 为 True（默认值），并且 timeout 为正值，在等待时间内没有读取到任何元素，则会抛出 Queue.Empty 异常。如果 blocked 为 False，则有两种情况存在：如果 Queue 有一个值可用，则立即返回该值；否则，如果队列为空，则立即抛出 Queue.Empty 异常

以 Queue 为例创建两个子进程：一个子进程往 Queue 中写数据；另外一个子进程从 Queue 中读数据，代码为

```
#! /usr/bin/env python
import multiprocessing
import time

def writer(q):
  for value in ['1', '2', '3']:
    print('Process-writer put %s in queue' % value)
    q.put(value)
    time.sleep(1)

def reader(q):
```

```
        while True：
            value = q. get(True)
            print('Process-reader get %s from queue' % value)

    if __name__=='__main__'：
        q = multiprocessing. Queue()
        pw = multiprocessing. Process(target=writer, args=(q,))
        pr = multiprocessing. Process(target=reader, args=(q,))
        pw. start()
        pr. start()
        pw. join()
        pr. terminate()
```

运行结果为

```
Process-writer put 1 in queue
Process-reader get 1 from queue
Process-writer put 2 in queue
Process-reader get 2 from queue
Process-writer put 3 in queue
Process-reader get 3 from queue
```

负责写的进程 writer 分别向 queue 中写入 1、2、3，负责读的进程 reader 依次将内容从 queue 中读出。

9.2 多线程

多个进程可以实现多个任务，一个进程内的多个线程（多线程）同样可以实现多个任务。进程是由若干个线程组成的。一个进程中至少要有一个线程。同一个进程内的多个线程资源共享。线程之间的切换开销比多个进程的切换开销更低。

9.2.1 threading 模块

Python 通过 threading 模块提供了对多线程的支持，使用 threading 模块创建线程的方法有：

- 创建一个 Thread 实例，传给它一个函数；

- 创建一个 Thread 实例，传给它一个可调用的类对象；

- 由 Thread 派生一个子类，创建这个子类的实例。

threading 模块提供的方法有：

- start()：开始线程的执行；

- run()：定义线程的功能函数（一般会被子类重写）；

- join（timeout=None）：程序挂起，直到线程结束，如果给了 timeout，则最多阻塞

timeout 秒；

- getName( )：返回线程的名字；

- setName（name）：设置线程的名字；

- isAlive( )：布尔标志，表示这个线程是否还在运行中；

- isDaemon( )：返回线程的 daemon 标识；

- setDaemon（daemonic）：把线程的 daemon 标识设置为 daemonic。

首先创建一个 Thread 实例并传入函数，然后调用 start( ) 即可启动一个新的线程，代码为

```python
#! /usr/bin/env python
import time
import threading

def thread1( ):
    while True:
        print('thread1 is running')
        time.sleep(2)

if __name__ == '__main__':
    t1 = threading.Thread(target=thread1, name='')
    t1.start()
    while True:
        print('Main Thread is running')
time.sleep(2)
```

任何进程都会默认启动一个线程，也就是主线程。执行程序代码后，可以看到主线程和子线程一直处于运行状态，即

```
thread1 is running
Main Thread is running
Main Thread is running
thread1 is running
Main Thread is running
thread1 is running
```

9.2.2　线程同步

主线程和子线程之间相互独立，两者之间没有任何关系。现在假设有一个水池，现有的水量为 1000，有两个线程：一个线程负责往水池里面加水，每次加 1；另一个线程负责从水池里往外抽水，每次抽出的水量也为 1。各自重复执行 100000 次，查看水池里的水量。测试代码为

```
#! /usr/bin/env python
import threading
import time
water = 1000
def add_water():
    global water
    for i in range(100000):
        water += 1

def sub_water():
    global water
    for i in range(100000):
        water -= 1

if __name__ == '__main__':
    t_add = threading.Thread(target=add_water, name='')
    t_sub = threading.Thread(target=sub_water, name='')
    t_add.start()
    t_sub.start()
    t_add.join()
    t_sub.join()
    print(water)
```

多次执行以上程序后，得到的结果为

```
1000
-24335
91567
```

从理论上来讲，加入的水量和抽出的水量相同，多次操作之后，水量应当是原始值，也就是 1000，为什么会出现 -24335 和 91567 呢？是因为 water += 1，也就是 water = water + 1，程序的执行分为两步：

- 计算 water + 1，并将计算结果存入临时变量，如 a；
- 将临时变量，也就是 a 赋值给 water。

water 值的计算从 CPU 的角度需要多个步骤，每个步骤的线程都可能被中断，则多个线程就会把同一个对象的内容改乱。为了避免这样的混乱产生，threading 模块提供了多种机制实现线程间的同步。其中，Lock（锁）就是常用的方法之一。当一个线程修改 water 值时，通过加锁操作可防止其他线程同时进行修改操作，从而避免了 water 值被改错，代码为

```
#! /usr/bin/env python
import threading
import time
water = 1000
lock = threading.Lock()
```

```
def add_water():
    global water
    lock.acquire()
    for i in range(100000):
        water += 1
    lock.release()

def sub_water():
    with lock:
        global water
        for i in range(100000):
            water -= 1

if __name__ == '__main__':
    t_add = threading.Thread(target=add_water, name='')
    t_sub = threading.Thread(target=sub_water, name='')
    t_add.start()
    t_sub.start()
    t_add.join()
    t_sub.join()
    print(water)
```

以上是使用 Lock 之后的程序代码，多次执行后，水量总是 1000，不会被改乱。

除了 Lock，threading 模块还提供了 RLock、Semaphore 等多种同步机制。

9.2.3　线程间通信

与多进程一样，Python 的 threading 模块同样提供了队列（Queue）、管道（Pipe）等多线程间的通信方式。在 Python 中，队列是线程间最常用的交换数据形式。Queue 是线程安全的自带锁，使用时，不用对队列进行加锁操作。本节以生产者和消费者为模型，讲解 threading 模块 Queue 的使用。

Queue 用于建立和操作队列，常与 threading 模块一起建立一个简单的线程队列。

队列有很多种，根据进出顺序可以分为：

- Queue.Queue（maxsize）——FIFO（先进先出队列）；

- Queue.LifoQueue（maxsize）——LIFO（先进后出队列）；

- Queue.PriorityQueue（maxsize）——优先度越低的越先出来。

其中，FIFO 是最常用的队列，常用的方法有：

- Queue.qsize()——返回队列的大小；

- Queue.empty()——如果队列为空，则返回值为 True，反之为 False；

- Queue.full()——如果队列满了，则返回值为 True，反之为 False；

- Queue. get（［block［, timeout］］）——获取队列，timeout 为等待时间；
- Queue. get_nowait（ ）——相当 Queue. get（False）非阻塞；
- Queue. put（item）——写入队列，timeout 为等待时间；
- Queue. put_nowait（item）——相当 Queue. put（item, False）。

接下来编写一个程序代码：一个线程（生产者）生成数据并将数据加入队列；另一个线程（消费者）去队列中提取这些数据，程序代码保存在文件 queue_thread. py 中，即

```python
#! /usr/bin/env python
import threading, time
import queue
q = queue. Queue( )

def Producer( ):
  n = 0
  while n < 5:
    n += 1
    q. put(n)
    print('Producer has created %s' % n)
    time. sleep(0. 1)
def Consumer( ):
  count = 0
  while count < 5:
    count += 1
    data = q. get( )
    print('Consumer has used %s' % data)
    time. sleep(0. 2)

p = threading. Thread(target = Producer, name = '')
c = threading. Thread(target = Consumer, name = '')
```

运行结果为

```
Producer has created 1
Consumer has used 1
Producer has created 2
Consumer has used 2
Producer has created 3
Producer has created 4
Consumer has used 3
Producer has created 5
Consumer has used 4
Consumer has used 5
```

由运行结果可知，生产者线程依次生成 1~5 的整数，消费者线程依次提取 5 个数字，两者交替进行。

9.3　多线程和多进程的思考

多线程和多进程都能实现多个任务，究竟选择多线程还是多进程呢？本节将对比多线程和多进程的优、缺点，探讨在不同应用场景下，多线程和多进程的选择方案。

9.3.1　多核 CPU 利用率实验

本书的网关采用树莓派 3 代 B 版。其 CPU 是博通 4 核。接下来查看一下 Python 多进程和多线程的 CPU 利用率。

在树莓派终端输入 top 命令，打开 Linux 系统性能分析工具，在界面顶端能够看到总的CPU 利用率，如图 9.1 所示。

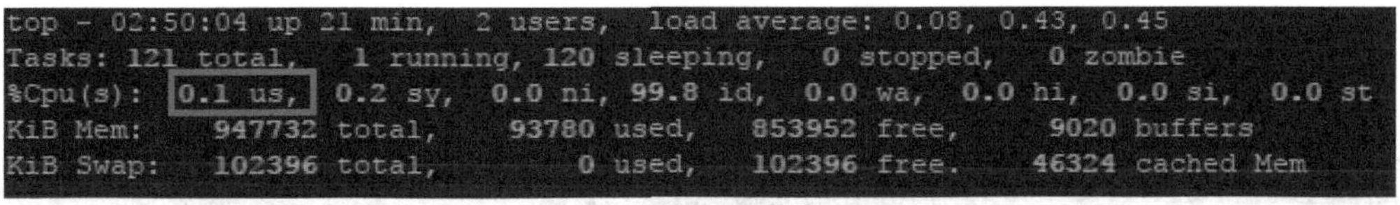

```
top - 02:50:04 up 21 min,  2 users,  load average: 0.08, 0.43, 0.45
Tasks: 121 total,    1 running, 120 sleeping,    0 stopped,    0 zombie
%Cpu(s):  0.1 us,  0.2 sy,  0.0 ni, 99.8 id,  0.0 wa,  0.0 hi,  0.0 si,  0.0 st
KiB Mem:    947732 total,     93780 used,     853952 free,      9020 buffers
KiB Swap:   102396 total,         0 used,     102396 free.     46324 cached Mem
```

图 9.1　使用 top 命令查看总的 CPU 利用率

图中，方框处标记的数字为用户空间占用 CPU 的百分比，即 0.1%，右侧 0.2 sy 为内核空间占用 CPU 的百分比。

在 top 界面中按下数字 1 可以监控 CPU 每一个核的状况，如图 9.2 所示。

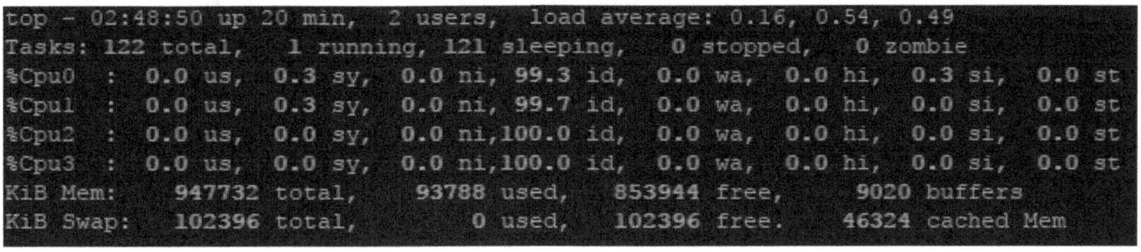

```
top - 02:48:50 up 20 min,  2 users,  load average: 0.16, 0.54, 0.49
Tasks: 122 total,    1 running, 121 sleeping,    0 stopped,    0 zombie
%Cpu0  :  0.0 us,  0.3 sy,  0.0 ni, 99.3 id,  0.0 wa,  0.0 hi,  0.3 si,  0.0 st
%Cpu1  :  0.0 us,  0.3 sy,  0.0 ni, 99.7 id,  0.0 wa,  0.0 hi,  0.0 si,  0.0 st
%Cpu2  :  0.0 us,  0.0 sy,  0.0 ni,100.0 id,  0.0 wa,  0.0 hi,  0.0 si,  0.0 st
%Cpu3  :  0.0 us,  0.0 sy,  0.0 ni,100.0 id,  0.0 wa,  0.0 hi,  0.0 si,  0.0 st
KiB Mem:    947732 total,     93788 used,     853944 free,      9020 buffers
KiB Swap:   102396 total,         0 used,     102396 free.     46324 cached Mem
```

图 9.2　CPU 每一个核的状况

由图可知，树莓派 CPU 有 4 个核，用户空间当前占用 CPU 的百分比很低。

编写一个死循环 Python 程序，保存在文件 process. py 中，代码为

```
#! /usr/bin/env python
while True：
    pass
```

将 process. py 在后台启动，即

```
# ./process. py &
```

使用 top 命令查看 CPU 利用率，分别如图 9.3、图 9.4 所示。

```
top - 03:12:24 up 43 min,  2 users,  load average: 0.11, 0.07, 0.14
Tasks: 122 total,   2 running, 120 sleeping,   0 stopped,   0 zombie
%Cpu0  :  0.3 us,  0.7 sy,  0.0 ni, 99.0 id,  0.0 wa,  0.0 hi,  0.0 si,  0.0 st
%Cpu1  :  0.3 us,  0.0 sy,  0.0 ni, 99.7 id,  0.0 wa,  0.0 hi,  0.0 si,  0.0 st
%Cpu2  :100.0 us,  0.0 sy,  0.0 ni,  0.0 id,  0.0 wa,  0.0 hi,  0.0 si,  0.0 st
%Cpu3  :  0.0 us,  0.0 sy,  0.0 ni,100.0 id,  0.0 wa,  0.0 hi,  0.0 si,  0.0 st
KiB Mem:    947732 total,    95308 used,   852424 free,    9084 buffers
KiB Swap:   102396 total,        0 used,   102396 free.   46324 cached Mem
```

图 9.3　单个死循环进程多核的 CPU 利用率

```
Tasks: 122 total,   2 running, 120 sleeping,   0 stopped,   0 zombie
%Cpu(s): 25.1 us,  0.1 sy,  0.0 ni, 74.8 id,  0.0 wa,  0.0 hi,  0.0 si,  0.0 st
KiB Mem:    947732 total,    95308 used,   852424 free,    9092 buffers
```

图 9.4　单个死循环进程总的 CPU 利用率

由图可知，一个核的 CPU 利用率为 100%，总的 CPU 利用率为 25% 左右。

再启动一个 process.py 进程继续查看，结果分别如图 9.5、图 9.6 所示。

```
Tasks: 126 total,   3 running, 123 sleeping,   0 stopped,   0 zombie
%Cpu0  :  0.9 us,  0.0 sy,  0.0 ni, 99.1 id,  0.0 wa,  0.0 hi,  0.0 si,  0.0 st
%Cpu1  :  0.0 us,  0.5 sy,  0.0 ni, 99.5 id,  0.0 wa,  0.0 hi,  0.0 si,  0.0 st
%Cpu2  :100.0 us,  0.0 sy,  0.0 ni,  0.0 id,  0.0 wa,  0.0 hi,  0.0 si,  0.0 st
%Cpu3  :100.0 us,  0.0 sy,  0.0 ni,  0.0 id,  0.0 wa,  0.0 hi,  0.0 si,  0.0 st
```

图 9.5　两个死循环进程多核的 CPU 利用率

```
Tasks: 126 total,   3 running, 123 sleeping,   0 stopped,   0 zombie
%Cpu(s): 50.0 us,  0.3 sy,  0.0 ni, 49.6 id,  0.0 wa,  0.0 hi,  0.1 si,  0.0 st
KiB Mem:    947732 total,    97736 used,   849996 free,    9112 buffers
```

图 9.6　两个死循环进程总的 CPU 利用率

由图可知，当启动两个死循环进程时，两个核的 CPU 利用率均为 100%，总的 CPU 利用率为 50%。

如果再启动两个 process.py 进程，则 4 个核的 CPU 利用率都是 100%。

同样，使用 Python 多线程的方法测试一下。其前提是先将前文启动的 process.py 结束。由于一个进程至少拥有一个主线程，因此单线程的情况也就是前文单进程的例子，在此不再赘述。直接启动 4 个线程，每个线程都进行死循环，查看运行结果，编写如下代码，保存在文件 thread.py 中，即

```python
#! /usr/bin/env python
import threading

def thread1():
    while True:
        pass
def thread2():
    while True:
        pass
```

```
def thread3( ):
    while True:
        pass


if __name__ == '__main__':
    t1 = threading. Thread(target=thread1, name='')
    t1. start( )
    t2 = threading. Thread(target=thread2, name='')
    t2. start( )
    t3 = threading. Thread(target=thread3, name='')
    t3. start( )
    while True:
        pass
```

在程序代码中，除了主线程，还启动了 3 个子线程，每个子线程均是死循环，运行 thread. py，查看运行结果，分别如图 9.7、图 9.8 所示。

图 9.7　4 个死循环线程多核的 CPU 利用率

图 9.8　4 个死循环线程总的 CPU 利用率

由图可知，4 个死循环线程同时运行时，总的 CPU 利用率约为 25%，相当于只使用了 4 核中的单核。

为什么 Python 多线程无法利用 CPU 的多核呢？其原因是存在 GIL。

9.3.2　GIL 全局锁

GIL 即 Global Interpreter Lock，意为全局解释器锁（全局锁）。在 Python 语言的主流实现 CPython 中，GIL 是一个全局线程锁，在解释器解释执行任何 Python 代码时，都需要先获得这把锁才行，在遇到 I/O 操作时会释放这把锁。

在 Python2 中，GIL 的释放逻辑是当前线程遇见 IO 操作或者 ticks 计数达到 100（ticks 可以看作 Python 自身的一个计数器，专门用于 GIL，每次释放后归零，计数通过 sys. setcheckinterval 调整）时进行释放。

在 Python3 中，GIL 不使用 ticks 计数，改为使用计时器计数（执行时间达到阈值后，当前线程释放 GIL）。每次释放 GIL，线程都会因为进行锁竞争、切换线程而消耗资源。

在 Python 多线程下，每个线程的执行方式为：

- 获取 GIL；

- 执行代码直到 sleep 或者 Python 的虚拟机将其挂起；

- 释放 GIL。

可见，在一个 Python 进程中，GIL 只有一个，拿不到 GIL 的线程，就不允许进入 CPU 执行。由于 GIL 的存在，Python 中的一个进程永远只能同时执行一个线程（拿到 GIL 的线程才能执行）。这也就解释了上面的实验结果：虽然有 4 个死循环线程，而且有 4 个物理 CPU 内核，但因为存在 GIL 的限制，所以 4 个线程只是分时切换，总的 CPU 利用率约为 25%。

9.3.3 切换的开销

在 Python 中，多进程和多线程的目的是实现多个任务，最大程度地利用计算机资源，更好地实现并发和并行。

并行和并发：

- 并行：两个或者多个事件在同一时刻发生；

- 并发：两个或多个事件在同一时间间隔发生。

无论是多进程还是多线程，只要数量超过 CPU 的核数，则随着数量的增加，效率会逐渐降低，因为进程和线程之间的切换都是很消耗资源的。

操作系统的每一个进程都拥有独立的资源、寄存器状态、内存页、地址空间等，从一个进程切换到另一个进程先要保存当前执行进程的状态信息，再把新的即将执行的进程环境准备好。对于同一个进程的多个线程来说，虽然所有线程之间的资源共享，但是为了避免资源共享时的冲突，有时会使用加锁等同步机制。由于锁的存在，因此线程之间切换的资源消耗同样不低。

9.3.4 多线程与多进程的选择

Python 多线程无法利用 CPU 多核，无法有效提升运算效率，并且多线程与多进程切换的资源消耗巨大。是不是多线程和多进程毫无用处呢？这需要根据应用场景来判断。

 CPU 密集型与 IO 密集型

- 音视频数据编解码、复杂计算等属于 CPU 密集型应用场景。在这种情况下，由于计算工作量大，因此不管是 ticks 计数还是定时器计数，很快就会达到阈值，之后触发 GIL 的释放与再竞争，因为 Python 多线程无法利用 CPU 多核，所以 Python 多线程不适合 CPU 密集型的应用。Python 多进程是适合的，尤其是当 CPU 为多核时。

- 文件访问、网络操作等数据 IO 密集型应用场景。在单线程下，当有 IO 操作时会进行 IO 等待，造成不必要的时间浪费，开启多线程能在一个线程等待 IO 时切换到另一个线程，不浪费 CPU 资源，提升程序的执行效率，因此对于 IO 密集型程序，当所需线程数量很小时, Python 多线程还是很有用的。

9.4 异步 IO

众所周知, CPU 的运行速度远远快于硬盘、网络等 IO 操作的速度。在单进程、单线程程序中,一旦遇到文件读写、网络通信等 IO 操作,程序的其他代码就需要等待 IO 操作完成才能继续执行,这种情况被称为同步 IO。可见,纵使 CPU 执行代码的速度很快,在同步 IO 程序中, CPU 资源也是白白浪费的。

由于 IO 操作阻塞了当前线程,导致其他代码无法执行,因此采用多进程或者多线程来并发执行代码,当一个线程遇到 IO 操作被挂起时,其他线程将获得 CPU 资源而继续执行,通过多进程或多线程实现了多个任务,高效地利用了 CPU 的资源。

多进程和多线程的方式虽然解决了并发问题,但是随着多进程和多线程数量的不断增多,它们之间切换的资源消耗巨大。CPU 的运行时间大量消耗在切换上,用于执行代码的时间就减少了,同样浪费了计算机的资源。

为了实现并发和多个任务,多进程和多线程只是解决该问题的一种办法。Python 还提供了更优的解决方案,那就是协程和异步 IO。

9.4.1 协程

协程 (Coroutine) 是可以协同运行的例程,类似于 CPU 的中断,可由用户调度,可在一个子程序内中断去执行其他的子程序。

这样解释起来可能不容易理解,可以使用实际代码来讲解,通过协程的方式改写 9.2.3 节中生产者和消费者的程序 queue_thread. py,编写程序代码,保存在文件 yield. py 中,即

```python
#! /usr/bin/env python
def Producer(c):
    c. send(None)
    n = 0
    while n < 5:
        n += 1
        print('Producer has created %s' % n)
        data = c. send(n)
        print('Consumer return: %s' % data)
    c. close()

def Consumer():
    data = ''
    count = 0
    while count < 6:
        count += 1
        content = yield data
```

```
        if not content:
            return
        print('Consumer has used %s' % content)
        data = 'done'


c = Consumer()
Producer(c)
```

运行结果为

```
Producer has created 1
Consumer has used 1
Consumer return: done
Producer has created 2
Consumer has used 2
Consumer return: done
Producer has created 3
Consumer has used 3
Consumer return: done
Producer has created 4
Consumer has used 4
Consumer return: done
Producer has created 5
Consumer has used 5
Consumer return: done
```

接下来将逐步分析程序 yield. py 的代码：

- 首先定义 Producer() 和 Consumer() 两个函数，Consumer() 是一个生成器，将 Consumer 传入 Producer；
- 在 Producer() 函数中通过 c. send（None）启动生成器；
- 在 Producer() 函数中生成一个数，通过 c. send(n) 切换到 Cousumer 去执行；
- Consumer 通过 yield 接收来自 Producer 的数据，之后通过 yield 返回'done'；
- Producer 继续从 c. send(n) 后的代码开始执行，重复执行第 3 步和第 4 步，直到 Producer 退出循环；
- Producer 通过 c. close() 关闭 Consumer，程序结束。

通过协程的使用同样实现了生产者和消费者的模型，程序在一个线程中执行。

9.4.2　协程与多线程对比

上一节通过协程 yield. py 改写了之前生产者和消费者的程序 queue_thread. py，接下来将测试两个程序的运行耗时。测试之前，将 yield. py 和 queue_thread. py 中的打印信息、sleep 代码注释掉，排除打印信息和 sleep 对程序执行时间的影响，同时将生成的数据从 5 提升到

1000，增加基数以便使测试数据更加直观。

修改后的 queue_thread.py 代码为

```python
#! /usr/bin/env python
import threading, time
import queue
q = queue.Queue()

def Producer():
    n = 0
    while n < 1000:
        n += 1
        q.put(n)
#       print('Producer has created %s' % n)
#       time.sleep(0.1)
def Consumer():
    count = 0
    while count < 1000:
        count += 1
        data = q.get()
#       print('Consumer has used %s' % data)
#       time.sleep(0.2)

p = threading.Thread(target = Producer, name='')
c = threading.Thread(target = Consumer, name='')
```

修改后的 yield.py 代码为

```python
#! /usr/bin/env python
def Producer(c):
    c.send(None)
    n = 0
    while n < 1000:
        n += 1
#       print('Producer has created %s' % n)
        data = c.send(n)
#       print('Consumer return: %s' % data)
    c.close()

def Consumer():
    data = ''
    count = 0
    while count < 1000:
        count += 1
        content = yield data
        if not content:
```

```
        return
#       print('Consumer has used %s' % content)
        data = 'done'


c = Consumer()
Producer(c)
```

通过 Linux 自带的 time 命令测试以上两个程序的运行耗时，结果为

```
# time -p python ./queue_thread.py
real 0.04
user 0.03
sys 0.00

# time -p python ./yield.py
real 0.02
user 0.02
sys 0.00
```

测试结果的含义如下：

- real 表示的是执行脚本的总时间；
- user 表示的是执行脚本消耗 CPU 的时间；
- sys 表示的是执行内核函数消耗的时间。

可以看出，多线程代码是协程代码运行时间的两倍，将循环次数扩大到 100000 继续测试，结果为

```
# time -p python ./queue_thread.py
real 0.72
user 0.68
sys 0.01

# time -p python ./yield.py
real 0.05
user 0.04
sys 0.00
```

从测试结果可以看出，随着循环次数的扩大，多线程效率与协程差距更加巨大。

与多线程相比，协程有如下优势：

- 协程执行效率更高。因为子程序切换不是线程切换，是由程序自身控制的，所以没有线程切换的开销，线程数量越多，协程的性能优势越明显。
- 协程运行更加稳定。因为协程在同一个线程内执行，不存在同时写变量的冲突，在协程中控制共享资源不需要加锁，只需要判断状态，可避免产生死锁的风险，且执行效

率比多线程高得多。

由于协程在一个线程内执行，因此对于多核 CPU 平台，当并发量很大时，可以用多进程+协程的编程方式，既可充分利用多核 CPU，又可充分发挥协程的高效率，程序可以获得极高的性能。

9.4.3　asyncio

Python 3.4 引入了协程的概念，加入了 asyncio，以生成器对象为基础。Python3.5 又提供了 async/await 语法层面的支持。下面将基于 Python3.5 了解异步编程的概念及 asyncio 的用法。

在开始介绍之前，需要了解以下几个概念：

- event_loop 事件循环：程序开启一个无限循环，开发者把一些函数注册到事件循环中，当满足事件发生的条件时，调用相应的协程函数。

- coroutine 协程：协程对象，指一个使用 async 关键字定义的函数，它的调用不会立即执行函数，而是返回一个协程对象。协程对象需要注册到事件循环中，由事件循环调用。

- task 任务：一个协程对象就是一个原生可以挂起的函数，任务则是对协程进一步的封装，其中包含任务的各种状态。

- future：代表将来执行或没有执行任务的结果，与 task 没有本质的区别。

- async/await 关键字：Python3.5 用于定义协程的关键字，async 定义一个协程，await 用于挂起阻塞的异步调用接口。

 Python3.4 和 Python3.5 协程使用时的差异

Python3.4 首先使用 asyncio 提供的@asyncio.coroutine 把一个 generator（生成器）标记为 coroutine（协程）类型，然后在 coroutine 内部用 yield from 调用另一个 coroutine 实现异步操作。

为了简化并更好地标识异步 IO，从 Python 3.5 开始就引入新的语法 async 和 await，让 coroutine 的代码更简洁易读。

解决 Python3.4 和 Python3.5 的差异只需要进行如下关键字的替换：

- @asyncio.coroutine（Python3.4）<==>　async（Python3.5）；

- yield from（Python3.4）<==>　await（Python3.5）。

使用 asyncio 编写程序代码为

```
#! /usr/bin/python3.5
import asyncio
import time
```

```
now = lambda: time.time()
async def func(x):
    print('Waiting for %d s' % x)
    await asyncio.sleep(x)
    return 'Done after {}s'.format(x)


start = now()


coro1 = func(1)
coro2 = func(2)
coro3 = func(4)


tasks = [
    asyncio.ensure_future(coro1),
    asyncio.ensure_future(coro2),
    asyncio.ensure_future(coro3)
]


loop = asyncio.get_event_loop()
loop.run_until_complete(asyncio.wait(tasks))


for task in tasks:
    print('Task return: ', task.result())


print('Program consumes: %f s' % (now() - start))
```

分析程序代码如下：

- 导入 asyncio 和 time 模块，定义一个计时的 lambda 表达式；

- 通过 async 关键字定义一个协程函数 func()，分别定义 3 个协程；

- 在 func() 内部使用 sleep 模拟 IO 的耗时操作，遇到耗时操作时，await 将协程的控制权让出；

- 定义一个 tasks 列表，列表中分别通过 ensure_future() 创建 3 个 task；

- 协程不能直接运行，需要将其加入事件循环，get_event_loop() 用于创建一个事件循环；

- 通过 run_until_complete() 将 tasks 列表加入事件循环中；

- 通过 task 的 result 方法获取协程运行状态；

- 计算整个程序的运行耗时。

运行结果为

```
Waiting for 1 s
Waiting for 2 s
```

```
Waiting for 4 s
Task return： Done after 1s
Task return： Done after 2s
Task return： Done after 4s
Program consumes： 4.005412 s
```

程序的总运行时间比 4 秒多一点，如果是同步模型，那么执行时间至少为 7 秒。

图 9.9 分别展示了单线程、多线程、协程运行图。随着时间的推移，三种模式分别有 3 个任务需要完成，每个任务都在等待 IO 操作时阻塞自身，IO 阻塞时间用灰色表示。

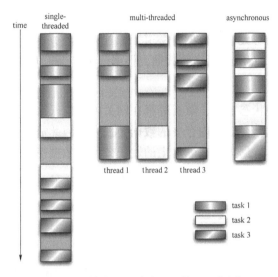

图 9.9　单线程、多线程、协程运行图

在单线程同步模型中，任务按照顺序执行。如果某个任务因为 IO 操作而阻塞，则其他所有的任务都必须等待，直到 IO 操作完成之后才能依次执行。在 IO 操作时，CPU 除了等待什么事也不能干，非常浪费 CPU 资源。

在多线程模型中，3 个任务分别在独立的线程中执行。这些线程由操作系统管理，在多核 CPU 上可以并行执行，在单核 CPU 上可以交错执行。当某个线程遇到 IO 操作阻塞时，其他线程可以继续执行。与同步模型相比，虽然这种方式更有效率，但开发者必须写代码保护共享资源。

在使用协程的异步 IO 模型中，3 个任务交错执行，处于同一个线程中，当其中一个协程遇到 IO 操作时，则跳转到其他协程继续执行，既没有浪费 CPU 资源，也不需要加锁等安全机制。

第10章 网关数据持久化

网关在运行过程中会与大量的数据打交道，如首先接收来自终端设备通过 LoRa 网络发送的数据，格式为 JSON，然后解析这些数据，根据解析结果采取相应的策略，如将 JSON 格式的数据通过网络发送给后台服务器。

如果终端设备的各种状态数据、解析等都在网关内存中长期存放，则当网关遇到程序崩溃、断电、重启等情况时，存放在内存中的数据会丢失，因此需要将长期存放的数据固化在硬盘上。这种将内存中的数据固化在硬盘上的过程被称为数据持久化。

本章将介绍两种网关数据持久化的方式，分别是普通文件的方式和数据库的方式。

10.1　文件操作

物联网网关程序对文件的操作非常常见。本节将介绍 Python 对文件操作的惯用方法，包括读写文本数据、操作文件和目录、读写压缩文件等。

10.1.1　读写文本数据

读写 Python 文本数据主要通过 open( ) 函数实现。

 open( )函数

open( ) 函数的使用方法：

```
f = open('路径+文件名','读写模式')
```

open( ) 函数常用的读写模式有：

- r——以只读方式打开文件。
- rb——以二进制格式打开一个文件用于只读。
- r+——打开一个文件用于读写。

- rb+——以二进制格式打开一个文件用于读写。

- w——打开一个文件只用于写入。如果该文件已存在，则将其覆盖。如果该文件不存在，则创建新文件。

- w+——打开一个文件用于读写。如果该文件已存在，则将其覆盖。如果该文件不存在，则创建新文件。

- a——打开一个文件用于追加。如果该文件已存在，则文件指针将会放在文件的结尾。也就是说，新的内容将被写入已有的内容之后。如果该文件不存在，则创建新文件并写入。

- a+——打开一个文件用于读写。如果该文件已存在，则文件指针将会放在文件的结尾。文件打开时会是追加模式。如果该文件不存在，则创建新文件用于读写。

 读文件

了解了 open( ) 函数的基本用法和属性后，现在开始测试文件的读取，在当前目录中新建测试文件 file.txt，键入两行代码：

```
read file line 1
read file line 2
```

使用 r 模式打开 file.txt 文件：

```
>>> f = open('file.txt','r')
```

调用 read( ) 方法读取文件的所有内容：

```
>>> print(f.read())
read file line 1
read file line 2
```

通过 close( ) 方法关闭打开的文件：

```
>>> f.close()
```

 with 语句

由于在读写文件时随时都有可能产生 IOError，因此一旦出错，f.close( ) 就不会被调用，文件就无法被正确关闭，就可能造成文件的破坏。为了保证文件的正确关闭，可以使用 try ... finally 来实现。Python 提供了更加简洁的机制，那就是 with 语句。使用 with 语句，会为文件创建一个上下文环境（context）。当程序的控制流程离开 with 语句块后，文件将自动关闭。

使用 with 语句改写前文的读文件操作，代码为

```
>>> f. close( )
>>> with open('file. txt','r') as f:
...     print(f. read( ))
...
read file line 1
read file line 2
```

 写文件

同样，若想对文件执行写入操作，则可以使用 open( ) 函数的 w 模式来实现。如果该文件已经存在，则将其覆盖。如果该文件不存在，则创建新文件。通过 w 模式打开文件之后，使用 write( ) 方法可将内容写入一个打开的文件。需要注意的是，write( ) 方法不会在字符串的结尾添加换行符('\n')。

编写代码为

```
>>> with open('file. txt','w') as f:
...     f. write('write file line 1')
```

执行代码之后，首先 file. txt 文件中的内容被清空，然后被写入新的内容 write file line 1。

同样，可以使用模式 a 以追加的方式写入文件，代码为

```
>>> with open('file. txt','a') as f:
>>> f. write('add new content)
```

此时，file. txt 文件的内容将变为

```
write file line 1add new content
```

10. 1. 2　操作文件和目录

Python 提供的 os 和 shutil 模块包含多个操作文件和目录的函数。os 可以进行简单的文件夹和文件操作，引入 os 模块之后，可以通过 help（os）或 dir（os）查看用法。需要注意的是，有的函数在 os 模块中，有的函数在 os. path 模块中。

shutil 模块提供了大量针对文件的高级操作，特别是针对文件的拷贝和删除。

 判断文件和目录

os 模块提供的常用文件和路径的判断方法如下：

- os. path. isabs( )——判断是否为绝对路径；

- os. path. exists( )——判断文件或目录是否存在；

- os. path. isdir( )——判断是否为目录；

- os. path. isfile( )——判断是否为文件。

使用 Linux 系统目录/usr/bin 和前文的测试文件 file. txt 进行测试为

```
>>> import os
>>> os. path. isabs('/usr/bin')
True
>>> os. path. exists('/usr/bin')
True
>>> os. path. exists('file. txt')
True
>>> os. path. isfile('file. txt')
True
>>> os. path. isfile('/usr/bin')
False
>>> os. path. isdir('/usr/bin')
True
```

目录操作

os 模块提供的目录操作方法有：

- os. getcwd( )——获取当前的工作目录；

- os. chdir( )——改变工作目录；

- os. listdir( )——列出目录下的文件；

- os. mkdir( )——创建单个目录；

- os. makedirs( )——创建多级目录。

在 Python 解释器中的体验代码为

```
>>> import os
>>> os. getcwd( )
'/opt/dir/work_dir'
>>> os. chdir('/opt/dir')
>>> os. getcwd( )
'/opt/dir'
>>> os. listdir( )
['file. txt', 'work_dir']
>>> os. mkdir('new_dir')
```

```
>>> os. listdir( )
['file. txt', 'new_dir', 'work_dir']
>>> os. makedirs('dir1/dir2')
>>> os. listdir( )
['file. txt', 'new_dir', 'dir1', 'work_dir']
>>> os. chdir('dir1/dir2')
>>> os. getcwd( )
'/opt/dir/dir1/dir2'
```

 重命名文件和目录

os 模块的 rename( )方法可以实现文件和目录的重命名。rename( )方法的格式为

> os. rename(<当前文件名>,<新文件名>)

将前文的文件 file. txt 重命名为 file1. txt，目录 dir1 重命名为 dir3，代码为

```
>>> import os
>>> os. getcwd( )
'/opt/dir'
>>> os. listdir( )
['new_dir', 'dir1', 'work_dir', 'file. txt']
>>> os. rename('file. txt','file1. txt')
>>> os. rename('dir1','dir3')
>>> os. listdir( )
['new_dir', 'work_dir', 'file1. txt', 'dir3']
```

 复制与移动文件和目录

文件和目录的复制与移动需要使用 shutil 模块。shutil 模块提供的方法有：

- shutil. copyfile（'old', 'new'）——复制文件，old 和 new 都是文件；
- shutil. copytree（'old', 'new'）——复制目录，old 和 new 都是目录，且 new 必须不存在；
- shutil. copy（'old', 'new'）——复制文件到指定目录，new 目录必须存在；
- shutil. move（'old', 'new'）——移动文件或目录到新的目录中，new 目录可以不存在。

在 Python 解释器中的体验代码为

```
>>> import os
>>> import shutil
```

```
>>> os. getcwd( )
'/opt/dir'
>>> os. listdir( )
['new_dir', 'work_dir', 'file1. txt', 'dir3']
>>> shutil. copyfile('file1. txt','file2. txt')
'file2. txt'
>>> os. listdir( )
['new_dir', 'work_dir', 'file1. txt', 'file2. txt', 'dir3']
>>> shutil. copytree('dir3','dir4')
'dir4'
>>> os. listdir( )
['dir4', 'new_dir', 'work_dir', 'file1. txt', 'file2. txt', 'dir3']
>>> shutil. copy('file1. txt','dir3')
'dir3/file1. txt'
>>> shutil. move('file1. txt','dir5')
'dir5'
>>> os. listdir( )
['dir4', 'new_dir', 'dir5', 'work_dir', 'file2. txt', 'dir3']
>>> shutil. move('dir4','dir6')
'dir6'
>>> os. listdir( )
['new_dir', 'dir5', 'dir6', 'work_dir', 'file2. txt', 'dir3']
```

 删除文件和目录

os 模块提供的删除文件和目录的方法有：

● os. rmdir( )——删除空目录；

● os. remove( )——删除单一文件；

● shutil. rmtree( )——删除目录及其下的所有文件。

准备一个空目录 dir_empty、普通文件 file. txt 及拥有文件 full. txt 的目录 dir_full，结构为

```
root@ /opt/dir# tree
├── dir_empty
├── dir_full
│   └── full. txt
└── file. txt
```

在 Python 解释器中对文件和目录进行删除操作的代码为

```
>>> import os
>>> import shutil
>>> os. getcwd( )
```

```
'/opt/dir'
>>> os. listdir( )
['file. txt', 'dir_empty', 'dir_full']
>>> os. rmdir('dir_empty')
>>> os. listdir( )
['file. txt', 'dir_full']
>>> os. remove('file. txt')
>>> os. listdir( )
['dir_full']
>>> shutil. rmtree('dir_full')
>>> os. listdir( )
[ ]
>>>
```

10. 1. 3　读写压缩文件

文件的形态多种多样，除了普通文本文件，为了节省空间、方便管理及易于传输，有时候需要将文件压缩。Python 提供了多个模块用于对不同类型的文件进行压缩操作，如 gzip、bz2、ZipFile 等。本节以 ZipFile 为例，讲解 Python 对 zip 格式文件的压缩操作。

 将单个文件压缩成 zip 文件

准备文件 file. txt 和 a. txt，file. txt 在当前目录 a. txt 的 ./a 目录中，文件结构为

```
root@ :/opt/dir# tree
.
├── dir_a
│   └── a. txt
├── file. txt
```

将 file. txt 和 ./dir_a/a. txt 压缩成文件 1. zip，即

```
#! /usr/bin/env python
import zipfile
with zipfile. ZipFile('1. zip','w',zipfile. ZIP_DEFLATED) as f:
    f. write('file. txt')
    f. write('./dir_a/a. txt')
```

在程序代码中，通过 ZipFile 方法指定压缩文件、读写模式及压缩类型。执行程序代码后，就会在当前目录中生成压缩文件 1. zip。

 zip 文件的读取和解压

zip 文件的读取是使用 ZipFile( )方法将压缩文件以 r 模块打开，通过 namelist( )方法可以

获取压缩文件中的所有目录和文件，代码为

```
>>> with zipfile.ZipFile('1.zip','r') as f:
...     f.namelist()
...
['file.txt', 'dir_a/a.txt']
```

通过 read( )方法读取文件内容为

```
>>> with zipfile.ZipFile('1.zip','r') as f:
...     f.read('file.txt')
...
b'zip file test\n'
```

将前文压缩生成的文件 1.zip 拷贝到其他目录后进行解压缩测试，通过以下代码将 1.zip 解压缩为

```
#! /usr/bin/env python
import zipfile
with zipfile.ZipFile('1.zip','r') as f:
    for file in f.namelist():
        f.extract(file,'./')
```

 将整个文件夹压缩

在前文中将目录 dir_a 中的一个文件 a.txt 成功加入了压缩文件 1.zip，如果 dir_a 目录中还有很多其他文件和子目录，则如何将 dir_a 目录中的所有内容一次性全部压缩进 1.zip 文件呢？

事实证明，f.write(r'./dir_a')的方式只能将 dir_a 目录名称加入压缩文件，得到的是一个空目录。若想将 dir_a 目录中的所有内容加入压缩文件，则可以使用 os.walk 模块的递归方式，即

```
#! /usr/bin/env python
import zipfile
import os
startdir = './dir_a'
with zipfile.ZipFile('1.zip','w',zipfile.ZIP_DEFLATED) as f:
    for dirpath, dirnames, filenames in os.walk(startdir):
        for filename in filenames:
            f.write(os.path.join(dirpath,filename))
```

执行程序代码，将在当前目录中生成压缩文件 1.zip，将其拷贝到其他目录，使用前文的解压程序进行解压，查看解压结果，可以发现，1.zip 文件中包含了 dir_a 目录中的所有内容。

10.1.4　内存映射

内存映射就是把一个文件映射到内存。映射后，文件在内存中，访问速度会非常快。映射并不是真将文件都放入内存，只是加载。当程序访问文件的时候，访问到哪里，哪里的数据就被映射到内存，不会占用太多的内存，有着内存级别的访问速度。

Python 提供了 mmap 模块来实现内存映射文件。为了更好地演示 mmap 模块的功能，首先准备一个已创建并且内容不为空的文件。

通过下列操作，可以在当前目录中创建一个名为 data 且内容为 0 的文件，即

```
>>> size = 1000000
>>> with open('data','wb') as f:
...     f.seek(size-1)
...     f.write(b'\x00')
...
999999
1
>>>
```

使用 od 命令确认文件 data 的内容，即

```
root@/opt/dir# od -x data
0000000 0000 0000 0000 0000 0000 0000 0000 0000
*
3641100
```

使用以下代码进行内存映射的操作，即

```
#! /usr/bin/env python
import os
import mmap

def memory_map(filename, access=mmap.ACCESS_WRITE):
    size = os.path.getsize(filename)
    fd = os.open(filename, os.O_RDWR)
    return mmap.mmap(fd, size, access=access)

with memory_map('data') as m:
    print(len(m))
    print(m[0:10])
    print(m[0])
    m[0:10] = b'Python-IoT'

with open('data', 'rb') as f:
    print(f.read(10))
```

运行结果为

```
1000000
b'\x00\x00\x00\x00\x00\x00\x00\x00\x00\x00'
0
b'Python-IoT'
```

在程序代码中，首先定义了工具函数 memory_map()，然后打开预先创建好的 data 文件，将其映射到内存，可对其进行读写、切片等一系列操作。

10.1.5　临时文件与目录

如果应用程序需要一个临时文件存储数据，不需要与其他程序共享，则最好的选择是用 tempfile 模块提供的 TemporaryFile 方法创建临时文件。其他的应用程序是无法找到或打开这个文件的，因为它并没有引用文件系统表。用 TemporaryFile 创建的临时文件，关闭后，会自动销毁。

 匿名临时文件

使用 tempfile. TemporaryFile 创建一个匿名文件

```
>>> import tempfile
>>> with tempfile. TemporaryFile('w+t') as f:
...     f. write('Python')
...     f. write('IoT')
...     f. seek(0)
...     f. read()
...
6
3
0
'PythonIoT'
```

TemporaryFile()方法的第一个参数是文件模式，通常文本模式使用 w+t，二进制模式使用 w+b，同时支持读和写操作。通常使用 TemporaryFile()方法创建的文件都是匿名的，甚至连目录都没有。

 有名临时文件

如果临时文件被多个进程或主机使用，那么建立一个有名临时文件是最简单的方法，可以使用 NamedTemporaryFile()来实现，即

```
>>> from tempfile import NamedTemporaryFile
>>> with NamedTemporaryFile('w+t') as f:
```

```
...    print('filename is:', f. name)
...
filename is: /tmp/tmpq0y86za3
```

 创建临时目录

同样，tempfile 模块还提供了 TemporaryDirectory（）方法用于创建临时目录，使用方法为

```
>>> from tempfile import TemporaryDirectory
>>> with TemporaryDirectory() as dirname:
...    print('dirname is:', dirname)
...
dirname is: /tmp/tmphjk11j85
```

10.1.6　序列化 Python 对象

在程序运行过程中，所有的变量都存放在内存中，随着程序运行的结束，变量随之被销毁，在程序再次运行时，变量重置为初始值，由于有时需要记住变量的值，因此需要将变量存放在硬盘等介质上。

把变量从内存中变成可存储或传输的过程被称为序列化。

在序列化后，可以把序列化后的内容写入硬盘或者通过网络传输。

反之，把变量从序列化的对象重新读到内存中的过程被称为反序列化，即 unpickling。

Python 提供了 pickle 模块来实现 Python 对象的序列化和反序列化操作。

使用 pickle. dump（）方法把 Python 字典对象写入 messi. txt 文件的代码为

```
>>> import pickle
>>> d = dict(name='messi',age=30)
>>> with open('messi. txt','wb') as f:
...    pickle. dump(d,f)
...
>>>
```

执行程序代码后，在当前目录下会产生文件 messi. txt。

通过 pickle. load（）方法可将 messi. txt 文件中的字典对象反序列化到内存中，即

```
>>> import pickle
>>> with open('messi. txt','rb') as f:
...    d = pickle. load(f)
```

```
...
>>> d
{'age': 30, 'name': 'messi'}
>>>
```

10.2　SQLite 数据库

除了普通文件形式，数据库是存放与管理数据的很好方式。物联网网关的内存和存储空间通常非常有限，大型数据库对硬件资源的要求较高，不适合嵌入式设备。SQLite 数据库非常小巧，很适合物联网网关这类小型的嵌入式设备。本节将介绍网关上 SQLite 数据库的使用方法，包括数据库的安装、命令行的操作、Python 编程及 SQLite 数据库在其他平台的移植流程等。

10.2.1　SQLite 简介

SQLite 是一个轻量级的数据库，移植性好，很容易使用，很小、高效、可靠。SQLite 是一个进程内的库，可实现自给自足的、无服务器的、零配置的、事务性的 SQL 数据库引擎。SQLite 嵌入使用它的应用程序中，共用相同的进程空间，不是单独的一个进程。在进程内部，SQLite 是完整的、自包含的数据库引擎。

作为嵌入式数据库，SQLite 的一大好处就是在程序内部不需要网络配置，不需要管理，因为客户端和服务器在同一进程空间运行。SQLite 的数据库权限只依赖于文件系统，没有用户账户的概念，可以按应用程序需求进行静态或动态连接，直接访问存储文件。

SQLite 是一种嵌入式的数据库，目标是尽量简单，此抛弃了传统企业级数据库的复杂特性，只实现数据库的必备功能。尽管简单性是 SQLite 数据库的首要目标，但是其功能和性能都非常出色，具有的特性如下：

- 支持 ACID 事务，允许从多个进程或线程进行安全访问；

- 零配置，不需要任何管理性的配置过程；

- 支持 SQL92 标准的大多数查询语言功能；

- 所有数据存放在单独的文件中，支持的最大文件可达 2TB；

- 数据库可以在不同字节的机器间共享；

- 体积小，轻量级，完全配置时小于 400KiB，省略可选功能配置时小于 250KiB；

- 系统开销小，检索效率高；

- 提供简单易用的 API 接口；

- 可以与 Python、C/C++、Java、Ruby、Perl、PHP 等多种编程语言绑定；

- 自包含，不依赖于外部支持；

● 开放源代码，可用于任何合法途径。

10.2.2   命令行操作 SQLite

由于本书以树莓派作为网关，因此下面以树莓派为例介绍 SQLite 数据库的使用。

 在树莓派上安装 SQLite

在树莓派上安装 SQLite 非常简单，使用 apt-get 命令即可。

● sudo apt-get update。

● sudo apt-get install sqlite。

安装完成之后，在系统中会产生两个 SQLite 命令：sqlite 和 sqlite3。前者是版本 2。后者是版本 3。本书使用 sqlite3，即

```
root@ raspberrypi:/home/pi# sqlite
sqlite     sqlite3
root@ raspberrypi:/home/pi#sqlite
SQLite version 2.8.17
Enter ".help" for instructions
sqlite> .q
root@ raspberrypi:/home/pi# sqlite3
SQLite version 3.8.7.1 2014-10-29 13:59:56
Enter ".help" for usage hints.
```

如果是自主构建的网关，则需要自己移植 SQLite。SQLite 的移植不外乎下载源代码、交叉编译、下载配置等，有了自主构建网关并移植 Python 的经验，相信读者移植 SQLite 也不在话下。

 SQLite 常用命令

在树莓派中执行 sqlite3 命令后，打开 SQLite 命令行终端，执行命令 .help，可以列出 SQLite 支持的所有命令，即

```
root@ raspberrypi:/home/pi# sqlite3
SQLite version 3.8.7.1 2014-10-29 13:59:56
Enter ".help" for usage hints.
Connected to a transient in-memory database.
Use ".open FILENAME" to reopen on a persistent database.
sqlite> .help
.backup ? DB? FILE         Backup DB (default "main") to FILE
.bail on | off       Stop after hitting an error.   Default OFF
.clone NEWDB            Clone data into NEWDB from the existing database
```

```
    .databases              List names and files of attached databases
    ...
```

常用的命令有 .databases、.tables.、.headers、.mode 等，具体命令的使用方法将在后续内容涉及到时进行介绍。

可以通过 .show 命令显示 SQLite 的当前设置，即

```
sqlite> .show
       echo：off
        eqp：off
    explain：off
    headers：off
       mode：list
  nullvalue："  "
     output：stdout
  separator："  |  "  " \r\n"
      stats：off
      width：
sqlite>
```

10. 2. 3　创建数据库

SQLite 数据库实际上是一个以 .db 为后缀的文件，创建数据库的命令格式为

```
sqlite3　数据库名称 .db
```

比如，为网关创建一个名为 gw.db 的数据库，代码为

```
root@ raspberrypi:/home/pi# sqlite3 gw.db
SQLite version 3. 8. 7. 1 2014-10-29 13:59:56
Enter ".help" for usage hints.
sqlite>
```

将在当前目录下创建一个名为 gw.db 的文件，该文件被 SQLite 引擎用作数据库，可以通过 .databases 命令查看该数据库是否存在，即

```
sqlite> .databases
seq   name              file
---   --------------    ----------------------------------------------
0     main              /home/pi/gw.db
sqlite>.quit
```

 附加数据库

当在同一时间有多个数据库可用，且想使用其中的任何一个数据库时，可通过 SQLite

提供的**ATTACH DATABASE** 语句附加数据库，所有的 SQLite 语句将在附加的数据库下执行。

ATTACH DATABASE 的语法为

```
ATTACH DATABASE'<数据库名称>' AS '<别名>';
```

如果数据库不存在，则以上命令将创建一个数据库；反之，把数据库文件名称与数据库别名绑定。

比如，附加前文创建的数据库 gw. db，别名为 sips，即

```
sqlite> . databases
seq   name              file
---   ---------------   -------------------------------------------------
0     main              /home/pi/gw. db
sqlite> ATTACH DATABASE 'gw. db' AS 'sips';
sqlite> . databases
seq   name              file
---   ---------------   -------------------------------------------------
0     main              /home/pi/gw. db
2     sips              /home/pi/gw. db
```

10. 2. 4　创建表

SQLite 的 CREATE TABLE 语句用来为指定的数据库创建一个新表，基本语法为

```
CREATE TABLE database_name. table_name(
    column1 datatype   PRIMARY KEY(one or more columns),
    column2 datatype,
    .....
);
```

在 CREATE TABLE 关键字后跟数据库表名，PRIMARY KEY 为主键，可以有一个或多个，创建表时需要为每一个表项指定数据类型。

比如，在树莓派的 gw. db 数据库中创建一个名为 DEVICE 的表来存储终端设备信息，即

```
CREATE TABLE DEVICE(
ID INTEGER PRIMARY KEY      NOT NULL,
NAME        TEXT,
INFO        TEXT,
LIGHT       INTEGER,
TEMP        REAL,
HUM REAL
);
```

以上命令定义的表名称为 DEVICE，字段 ID 用来存放设备的编号，NOT NULL 表示

ID 字段不能为空，NAME 代表设备的名称，数据类型为 TEXT，INFO 字段用于存储设备的备注信息，LIGHT 字段用来记录设备灯光系统的状态：打开还是关闭，TEMP 和 HUM 分别记录终端设备的温度和湿度，数据类型为 REAL，也就是浮点数。上面的表 DEVICE 的字段仅是实际项目中表 DEVICE 中的一部分，实际项目的字段非常多，在此并未全部列出。

在树莓派命令行中执行 sqlite3 gw.db，打开数据库 gw.db 的 SQLite 命令行，在其中输入以上建表命令，即为 gw.db 数据库创建名为 DEVICE 的表，另外，可以通过 .tables 命令查看数据库拥有的表，具体操作步骤为

```
root@raspberrypi:/home/pi# sqlite3 gw.db
SQLite version 3.8.7.1 2014-10-29 13:59:56
Enter ".help" for usage hints.
sqlite>.tables
sqlite> CREATE TABLE DEVICE(
   ...> ID INTEGER PRIMARY KEY      NOT NULL,
   ...> NAME        TEXT,
   ...> INFO        TEXT,
   ...> LIGHT       INTEGER,
   ...> TEMP        REAL,
   ...>   HUM REAL
   ...> );
sqlite>.tables
DEVICE
sqlite>
```

此时，可以通过 .schema 命令查看 DEVICE 的建表指令，即

```
sqlite> .schema DEVICE
CREATE TABLE DEVICE(
ID INTEGER PRIMARY KEY      NOT NULL,
NAME        TEXT,
INFO        TEXT,
LIGHT       INTEGER,
TEMP        REAL,
HUM         REAL
);
```

修改表

对于现有数据库中的表，若想要添加新的字段，则可以使用 ALTER TABLE 语句。比如，为 gw.db 的表 DEVICE 添加新的字段 ALARM 用于记录安防系统的状态：布防状态还是撤防状态，数据类型为 INTEGER，操作为

```
sqlite>ALTER TABLE DEVICE ADD COLUMN ALARM INTERGER;
sqlite>.schema DEVICE
CREATE TABLE DEVICE(
ID INTEGER PRIMARY KEY      NOT NULL,
NAME        TEXT,
INFO        TEXT,
LIGHT       INTEGER,
TEMP        REAL,
HUM         REAL
, ALARM INTERGER );
```

 删除表

SQLite 数据库提供了 DROP TABLE 命令用于删除数据库中已有的表。比如，删除 gw.db 中的表 DEVICE，操作为

```
sqlite>.tables
DEVICE
sqlite> DROP TABLE DEVICE;
sqlite>.tables
sqlite>
```

执行 DROP TABLE DEVICE 之后，表 DEVICE 就被删除了，将无法通过 .tables 命令找到。

10.2.5　SQL 语句

SQLite 虽然非常小巧，但是几乎支持所有的 SQL 语句。本节将介绍常用的 SQL 语句，实现对表 DEVICE 进行数据插入、更新、删除、查询等操作。

 插入数据

前面已为 gw.db 创建了表 DEVICE，此时表中的内容为空。SQLite 的 INSERT INTO 语句可以为数据库的表插入新的数据。

INSERT INTO 语句的语法有两种：

- INSERT INTO 表名 [（字段 1，字段 2，…）]　VALUES（值 1，值 2，…）；
- INSERT INTO TABLE_NAME VALUES（值 1，值 2，…）。

使用第一种语法时，只需要指定需要插入的字段和对应的值。使用第二种语法时，需要为表中的所有字段都添加相应的值。

现在使用两种不同的语法为表 DEVICE 插入数据，即

```
INSERT INTO DEVICE(ID,NAME,INFO,LIGHT,ALARM)
VALUES (1, 'corn','number 1 greenhouse for corn' , 1, 0 );

INSERT INTO DEVICE VALUES (2, 'soybean','greenhouse for soybean' , 1,28.5,45, 0 );
```

第一条语句表示：插入一个数据到表 DEVICE 中，ID 为 1；NAME 为 corn，表示该终端设备用于玉米地；INFO 表示该终端来自 1 号玉米大棚；LIGHT 为 1，表示该终端控制的灯光为打开状态；ALARM 为 0，表示该终端携带的安防系统处于撤防状态；没有为 TEMP 和 HUM 字段插入数据。

第二条语句表示：插入一个数据到表 DEVICE 中，ID 为 2；NAME 为 soybean，表示该终端设备用于大豆地；INFO 表示该终端来自种植大豆的大棚；LIGHT 为 1，表示该终端控制的灯光为打开状态；TEMP 表示温度值为 28.5℃；HUM 表示湿度值为 45%；ALARM 为 0，表示该终端携带的安防系统处于撤防状态。

在 SQLite 命令行中执行以上两条语句：

```
sqlite> INSERT INTO DEVICE(ID,NAME,INFO,LIGHT,ALARM)
   ...> VALUES (1, 'corn','number 1 greenhouse for corn' , 1, 0 );
sqlite> INSERT INTO DEVICE VALUES (2, 'soybean','greenhouse for soybean' , 1,28.5,45, 0 );
sqlite>
```

 查询数据

SQLite 数据库的 SELECT 语句用于查询和获取数据库表中的数据。

比如，使用 SELECT ＊ FROM DEVICE; 查看表 DEVICE 中的所有数据，即

```
sqlite> SELECT ＊ FROM DEVICE;
1 | corn | number 1 greenhouse for corn | 1 |     |      | 0
2 | soybean | greenhouse for soybean | 1 | 28.5 | 45.0 | 0
```

可以看出，通过 SELECT ＊虽然列出了表 DEVICE 中的所有数据，但是数据格式混乱且没有字段名称，此时可以通过 .headers on 和 .mode column 分别打开表头并设置为列模式，数据的显示格式更加清晰和优美，如图 10.1 所示。

```
sqlite> .headers on
sqlite> .mode column
sqlite> SELECT * FROM DEVICE;
ID          NAME        INFO                         LIGHT       TEMP        HUM         ALARM
----------  ----------  ---------------------------  ----------  ----------  ----------  ----------
1           corn        number 1 greenhouse for corn 1                                   0
2           soybean     greenhouse for soybean       1           28.5        45.0        0
sqlite>
```

图 10.1　表 DEVICE 中的所有数据

除了获取表 DEVICE 中的所有数据，还可以获取某一字段的数据，即

```
sqlite> SELECT LIGHT FROM DEVICE;
LIGHT
----------
1
1
sqlite> SELECT NAME FROM DEVICE;
NAME
----------
corn
soybean
```

此外，还可以通过 WHERE 子句限制查询条件。当然，WHERE 子句同样可以运用于 UPDATE 和 DELETE 语句中。

获取表 DEVICE 中湿度大于 30%的设备编号，代码为

```
sqlite> SELECT ID FROM DEVICE WHERE HUM>30;
ID
----------
2
```

 修改数据

UPDATE 语句用于修改数据库表中的已有记录，经常配合 WHERE 子句使用，用来更改满足条件的特定数据。

比如，将 ID 为 2 终端设备的灯光关闭，使用的语句为

```
UPDATE DEVICE SET LIGHT = 0 WHERE ID = 2;
```

实际操作为

```
sqlite> SELECT LIGHT FROM DEVICE WHERE ID=2;
LIGHT
----------
1
sqlite>UPDATE DEVICE SET LIGHT = 0 WHERE ID = 2;
sqlite> SELECT LIGHT FROM DEVICE WHERE ID=2;
LIGHT
----------
0
```

除了 WHERE 子句，还可以借助 AND、OR 子句添加多个限制条件。

比如，当温度低于 30℃时，打开 ID 为 2 终端设备的灯光系统，代码为

```
sqlite> SELECT LIGHT FROM DEVICE WHERE ID = 2;
LIGHT
----------
0
sqlite>UPDATE DEVICE SET LIGHT = 1 WHERE ID = 2 AND TEMP < 30;
sqlite> SELECT LIGHT FROM DEVICE WHERE ID = 2;
LIGHT
----------
1
```

 删除数据

DELETE 语句用于删除数据库表中的已有记录，可以使用 WHERE 子句添加限制条件。

比如，删除 ID 为 1 的数据，代码为

```
sqlite> SELECT ID FROM DEVICE;
ID
----------
1
2
sqlite> DELETE FROM DEVICE WHERE ID = 1;
sqlite> SELECT ID FROM DEVICE;
ID
----------
2
```

如果不加限制条件，则 DELETE FROM DEVICE；语句将删除表 DEVICE 中的所有数据。

10.2.6　SQLite 的 Python 编程

除了可以在命令行中操作 SQLite 数据库，还可以通过编程语言访问 SQLite 数据库。SQLite 数据库提供了多种编程语言的 API。

 链接数据库

sqlite3. connect( )方法用于建立数据库的链接，其 API 为

```
sqlite3. connect( database [ ,timeout  ,other optional arguments ] )
```

该方法用于打开一个到 SQLite 数据库文件 database 的链接，可以使用 ":memory:" 在 RAM 中打开一个到 database 数据库的链接，不是在磁盘上打开。如果数据库被成功打开，则返回一个链接对象。

当一个数据库被多个链接访问，且其中一个链接修改了数据库时，SQLite 数据库将被锁

定，直到事务提交。timeout 参数表示链接等待锁定的持续时间，直到发生异常断开链接。timeout 参数默认为 5.0（5 秒）。

如果给定的数据库名称 filename 不存在，则调用将创建一个数据库。如果不想在当前目录中创建数据库，则可以指定带有路径的文件名。

使用下列代码与 gw. db 数据库建立链接，即

```
#! /usr/bin/env python
import sqlite3
con = sqlite3. connect('gw. db')
print(con)
```

运行结果为

```
<sqlite3. Connection object at 0x769cb020>
```

 创建表

使用下列代码在 gw. db 数据库中创建表 DEVICE，即

```
#! /usr/bin/env python
import sqlite3
con = sqlite3. connect('gw. db')
c = con. cursor()
sql_str = '''CREATE TABLE DEVICE(
ID INTEGER PRIMARY KEY      NOT NULL,
NAME          TEXT,
INFO          TEXT,
LIGHT         INTEGER,
TEMP          REAL,
HUM           REAL,
ALARM         INTEGER
);
'''
c. execute(sql_str)
con. commit()
con. close()
```

在代码中，首先通过 connect()方法和 gw. db 建立链接，然后创建一个 cursor 和 SQL 建表语句，通过 execute()方法执行 SQL 建表语句，最后使用 commit()提交事务并且调用 close()方法关闭数据库链接。

 插入数据

使用 Python API 插入数据的操作流程和建表流程几乎一致，不同之处仅在于 SQL 建表

语句，即

```
#! /usr/bin/env python
import sqlite3
con = sqlite3. connect('gw. db')
c = con. cursor( )
sql_str = "INSERT INTO DEVICE VALUES (2, 'soybean','greenhouse for soybean' , 1,28.5,45,
0 );"
c. execute(sql_str)
con. commit( )
con. close( )
```

 读取数据

读取 gw. db 表 DEVICE 中的所有数据，并将其打印出来，即

```
#! /usr/bin/env python
import sqlite3
con = sqlite3. connect('gw. db')
c = con. cursor( )
sql_str = "SELECT * FROM DEVICE;"
c. execute(sql_str)
for row in c:
    print(row)
con. close( )
```

运行结果为

```
(2, 'soybean', 'greenhouse for soybean', 1, 28.5, 45.0, 0)
```

 修改数据

使用 Python 程序将 ID 为 2 终端设备的灯光关闭，代码为

```
#! /usr/bin/env python
import sqlite3
con = sqlite3. connect('gw. db')
c = con. cursor( )

sql_select = "SELECT * FROM DEVICE;"
print('Before Update:')
c. execute(sql_select)
for row in c:
```

```
    print(row)

sql_update = "UPDATE DEVICE SET LIGHT = 0 WHERE ID = 2;"
c. execute(sql_update)
con. commit()

print('After Update:')
c. execute(sql_select)
for row in c:
    print(row)

con. close()
```

运行结果为

```
Before Update:
(2, 'soybean', 'greenhouse for soybean', 1, 28.5, 45.0, 0)
After Update:
(2, 'soybean', 'greenhouse for soybean', 0, 28.5, 45.0, 0)
```

删除数据

删除表 DEVICE 中 ID 为 2 终端设备中的所有数据，代码为

```
#! /usr/bin/env python
import sqlite3
con = sqlite3. connect('gw. db')
c = con. cursor()

sql_select = "SELECT * FROM DEVICE;"
print('Before Delete:')
c. execute(sql_select)
for row in c:
    print(row)

sql_delete = "DELETE FROM DEVICE WHERE ID = 2;"
c. execute(sql_delete)
con. commit()

print('After Delete:')
c. execute(sql_select)
```

```
for row in c:
    print(row)

con.close()
```

删除之后的查询结果为空，即

```
Before Delete:
(2, 'soybean', 'greenhouse for soybean', 0, 28.5, 45.0, 0)
After Delete:
```

第11章
Python 扩展

一般来说，所有能被整合或导入其他 Python 脚本的代码都可以被称为扩展，可以用纯 Python 写扩展，也可以用 C/C++之类的编译型语言写扩展，甚至还可以用 Java 写扩展。Python 的一大特点是，扩展和解释器之间的交互方式与普通的 Python 模块完全一样。Python 模块的导入机制非常抽象，抽象到让使用模块的代码无法了解模块的具体实现细节。

11.1　Python 扩展的原因

Python 简洁的语法、丰富的第三方库及不需要编译等特性，使其能够快速完成程序的开发。在某些运行效率要求极高的场景，Python 的运行效率没有优势。

总体来说，Python 扩展有下列原因：

- 添加 Python 语言的核心部分没有提供的功能；
- 为了提升性能及程序的运行效率；
- 把一部分核心代码由 Python 转到编译语言，保证专有源代码的私密性；
- 使用 C 语言编写操作硬件的库被 Python 调用，实现 Python 对硬件的操作。

11.2　连接硬件的纽带

物联网的一大特点就是需要通过单片机或 Linux 系统操作硬件。物联网应用程序采用 Python 编写，可以使用 C 语言编写操作硬件的 Python 扩展库，扩展库被 Python 应用程序调用，可解决 Python 无法访问硬件的问题。C 语言扩展硬件接口访问是 Python 连接硬件的纽带。

在本书的项目实战中，设备端采用 MicroPython 编写应用程序。MicroPython 在单片机中运行，可自动提供访问硬件的功能。服务器的 Python 开发完全不依赖硬件。网关与硬件通过通信接口相关。如果使用树莓派作为网关，则不需要开发硬件通信接口的扩展库，因为树莓派已经提供了多个接口的 Python 库，如 UART、GPIO、I²C、SPI 等。如果网关为自主构建，则需要自己开发与硬件通信接口相关的扩展库。这样的库并不多，当通信接口扩展库编写完成之后，剩下的工作就是 Python 应用程序的开发，此时开发的快速就体现出来了。

11.3　C 语言扩展 Python

由于物联网的开发者使用 C 语言扩展 Python 比较多，因此下面以 C 语言为例介绍 Python 的扩展。

11.3.1　简单的 C 语言 Python 扩展

在 Ubuntu 虚拟机中进行扩展程序的编写与测试，编写名为 Extest.c 的 C 语言程序，代码为

```c
#include <stdio.h>
#include <stdlib.h>
#include <string.h>
#include "/usr/include/python3.5/Python.h"

static PyObject * Extest_hello(PyObject * self, PyObject * args) {
    printf("Python-IoT\n");
    Py_RETURN_NONE;
}

static PyMethodDef ExtestMethods[] = {
    {"hello", Extest_hello, METH_VARARGS},
    {NULL, NULL},
};

static struct PyModuleDef ExtestModule = {
    PyModuleDef_HEAD_INIT,
    "Extest",
    NULL,
    -1,
    ExtestMethods
};

PyMODINIT_FUNC PyInit_Extest(void)
{
    return PyModule_Create(&ExtestModule);
}
```

代码中引入了 Python 的头文件/usr/include/python3.5/Python.h，笔者指定的是绝对路径，读者也可以通过 #include <Python.h>方式引入该头文件。

ExtestModule 中的 Extest 是 C 语言模块暴露给 Python 的接口名称。ExtestMethods 为 Python 提供给 C 语言模块函数名称的映射表。其中，hello 为 Python 调用的函数名称，Extest_hello 为 C 语言内部真实的函数名称。

在 C 语言 Extest_hello 函数中打印 Hello, Pyhton-IoT!字符串后，通过 Py_RETURN_NONE 返回 None。

 编译

在 Ubuntu 终端 Extest. c 源文件所在的目录中执行以下指令，即

```
# gcc -fPIC -shared Extest. c -o Extest. so
```

执行后，将在当前目录中编译生成 Extest. c 的动态库文件 Extest. so。

 安装

编译生成 C 语言动态库，从 Python 导入 Extest 时，如何能够找到它呢？由于当 Python 执行 import 时是从 sys. path 指定的路径中寻找模块的，因此需要将 Extest. so 文件安装到 sys. path 路径中。

在当前目录中编写名为 setup. py 的文件，内容为

```
from distutils. core import setup, Extension
setup( name = 'Extest', version = '1. 0', ext_modules = [ Extension('Extest', [ 'Extest. c'] ) ] )
```

通过执行以下命令安装 Extest 模块，即

```
# python ./setup. py install
```

以上命令执行 log 为

```
running install
running build
running build_ext
running install_lib
copying                    build/lib. linux-i686-3. 5/Extest. cpython-35m-i386-linux-gnu. so -> /usr/
local/lib/python3. 5/dist-packages
running install_egg_info
Writing /usr/local/lib/python3. 5/dist-packages/Extest-1. 0. egg-info
```

以上指令执行完成之后，将 Extest 安装到/usr/local/lib/python3. 5/dist-packages 目录中，该目录是 sys. path 路径之一，可以导入 Extest 模块。

 使用扩展库

在 Python 解释器中导入 Extest 模块，并调用 hello 函数，即

```
# python
>>> import Extest
>>> Extest. hello( )
Hello, Python-IoT!
>>>
```

可以看出，已成功导入 Extest 扩展库，且通过调用函数 hello( )打印出了 Hello, Python-
IoT!

11.3.2　传递整型参数

Python 和 C 语言程序之间没有任何参数的传递。本节将介绍 Python 传递整型参数给 C
语言扩展库的方法。

在 Extest. c 中修改代码为

```
#include <stdio. h>
#include <stdlib. h>
#include <string. h>
#include "/usr/include/python3. 5/Python. h"

int add( int n) {
    return 100 + n;
}
static PyObject * Extest_hello( PyObject * self, PyObject * args) {
    printf( "Python-IoT\n" ) ;
    Py_RETURN_NONE;
}


static PyObject * Extest_add( PyObject * self, PyObject * args) {
    int res;
    int num;
    PyObject * retval;
    //i 表示需要传递进来的参数类型为整型,如果是,就赋值给 num,如果不是,返回 NULL;
    res = PyArg_ParseTuple( args, "i", &num) ;
    if ( !res) {
        return NULL;
    }
    res = add( num) ;
    //需要把 C 语言中计算的结果转成 python 对象,i 代表整数对象类型。
    retval = ( PyObject * )Py_BuildValue( "i", res) ;
    return retval;
}
static PyMethodDef ExtestMethods[ ] = {
    { "hello", Extest_hello, METH_VARARGS} ,
    { "add", Extest_add, METH_VARARGS} ,
    { NULL, NULL} ,
```

```
};

static struct PyModuleDef ExtestModule = {
    PyModuleDef_HEAD_INIT,
    "Extest",
    NULL,
    -1,
    ExtestMethods
};

PyMODINIT_FUNC PyInit_Extest(void)
{
    return PyModule_Create(&ExtestModule);
}
```

在代码中添加了一个新的函数 add，用于将 Python 输入的数字自动加 100。

编译并安装后，在 Python 解释器中的测试代码为

```
# python
>>> import Extest
>>> Extest.add(1)
101
>>> Extest.add(2)
102
>>> Extest.hello()
Python-IoT
>>>
```

由运行结果可知，目前 Extest 扩展库拥有 hello 与 add 两个方法，add 方法成功将 Python 传入的整型参数加上了 100。

11.3.3　传递字符串参数

接下来为 Extest 编写一个字符串逆序的方法 reverse，用于将 Python 传入的字符串参数进行逆序操作。修改 Extest.c 后的代码为

```
#include <stdio.h>
#include <stdlib.h>
#include <string.h>
#include "/usr/include/python3.5/Python.h"

int add(int n) {
    return 100 + n;
}

char * reverse(char * s) {
    register char t;
```

```c
        char * p = s;
        char * q = (s + (strlen(s) - 1));
        while (p < q) {
            t = * p;
            * p++ = * q;
            * q-- = t;
        }
        return s;
    }

static PyObject * Extest_hello(PyObject * self, PyObject * args) {
    printf("Python-IoT\n");
    Py_RETURN_NONE;
}


static PyObject * Extest_add(PyObject * self, PyObject * args) {
    int res;
    int num;
    PyObject * retval;
    //i 表示需要传递进来的参数类型为整型,如果是,就赋值给 num,如果不是,返回 NULL
    res = PyArg_ParseTuple(args, "i", &num);
    if (!res) {
        return NULL;
    }
    res = add(num);
    //需要把 C 语言中计算的结果转成 python 对象,i 代表整数对象类型
    retval = (PyObject *)Py_BuildValue("i", res);
    return retval;
}


static PyObject * Extest_reverse(PyObject * self, PyObject * args) {
    char * orignal;
    //s 表示需要传递进来的参数类型为字符串,如果是,就赋值给 orignal,如果不是,返回 NULL
    if (!(PyArg_ParseTuple(args, "s", &orignal))) {
        return NULL;
    }
    //需要把结果转成 python 对象,s 代表字符串对象类型
    return (PyObject *)Py_BuildValue("s", reverse(orignal));
}

static PyMethodDef ExtestMethods[] = {
    {"hello", Extest_hello, METH_VARARGS},
    {"add", Extest_add, METH_VARARGS},
    {"reverse", Extest_reverse, METH_VARARGS},
    {NULL, NULL},
};
```

```
static struct PyModuleDef ExtestModule = {
    PyModuleDef_HEAD_INIT,
    "Extest",
    NULL,
    -1,
    ExtestMethods
};

PyMODINIT_FUNC PyInit_Extest(void)
{
    return PyModule_Create(&ExtestModule);
}
```

编译并安装后，在 Python 解释器中的测试代码为

```
# python
>>> import Extest
>>> Extest. reverse('1234567')
'7654321'
>>> Extest. reverse('abcdefg')
'gfedcba'
>>> Extest. add(1)
101
>>> Extest. hello()
Python-IoT
>>> dir(Extest)
['__doc__', '__file__', '__loader__', '__name__', '__package__', '__spec__', 'add', 'hello', 'reverse']
>>>
```

可以看到，目前的 Extest 扩展库拥有 add、hello、reverse 三个方法。

第12章
网关网络编程

　　网关是终端设备与后台服务器之间进行通信的枢纽：一方面向上通过互联网或移动网络与服务器通信；另一方面向下通过 LoRa 网络与终端设备通信。本章将介绍网关网络编程。由于网关网络通信需要与服务器和终端设备配合，因此在讲解时并不仅仅针对网关本身，有时也会涉及服务器或终端设备的编程。

12.1　网关网络通信方案

　　市面上成熟的网络通信协议多种多样，需要根据项目需求、应用场景等的不同进行选择，要考虑网络容量、性能、流量、稳定性、开发难易程度等多方面因素。本书项目实战的网关网络通信方案如图 12.1 所示。

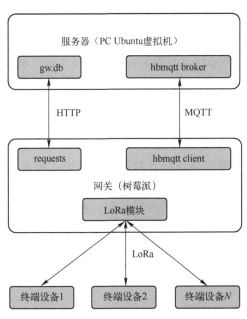

图 12.1　网关网络通信方案

　　在本书的项目实战中采用了网关。在前文中提到，并不是所有的项目都需要网关。那么为什么在本书的项目实战中需要网关呢？大致有下列原因：

- 虽然终端设备可以通过互联网或移动网络接入网络，跳过网关直接与后台服务器建立连接，但是在农业种植领域，不排除应用场景位于偏远地区或特殊环境的情况。这些情况很可能没有互联网或移动网络覆盖，迫切需要一种中间转换的网络存在。由于 LoRa 网络的通信距离可达数千米，因此加入 LoRa 网关，通过 LoRa 网关与数千米内的终端设备通信，只需要将网关安装在有互联网或移动网络覆盖的地方即可。

- 由于终端设备往往数量巨大且要求部署灵活，因此一般采用电池供电，要求自身功耗尽可能低。如果需要频繁更换电池，那么系统的维护代价巨大。LoRa 作为低功耗广域网的通信方案，模块功耗极低，一块电池可维持模块工作数年之久。Wi-Fi 模块和 GSM 模块显然无法与其媲美。

- 中心化管理。在本书的讲述内容中，终端设备的功能主要是采集数据与指令执行，自身的设备信息与运行数据全部存放在网关，网关通过终端设备的唯一 ID 管理每个终端设备的数据。假设终端设备发生故障，则只需要将故障终端的 ID 写入新设备，即可从网关中获取故障前终端设备的运行状态。

图 12.1 中，网关向下通过 LoRa 与终端设备进行通信。

在向上与服务器的通信中，网关需要定期将数据库文件 gw.db 同步或备份到服务器上，以防网关发生故障造成数据丢失，因此采用 requests 模块实现服务器与网关之间的文件传输及简单指令的交互。

数据和指令传输的通信方案采用 MQTT 协议，主要考虑 MQTT 协议相比 HTTP 来说更加轻量，如果使用 GSM 模块采用移动网络的方式进行通信，那么使用 HTTP 协议时的数据流量太大，资费就太高了。

接下来将一一介绍这几种通信方案的实现过程。在开始介绍之前，笔者会用一小节的篇幅讲解 Socket 通信的相关内容，以便让读者熟悉或回顾网络通信的基础知识。

12.2　Socket 编程

在开始编程之前，首先需要准备好开发环境。其中，网关是树莓派，服务器是 PC 上的 Ubuntu 虚拟机。如果读者未安装好环境，则参考第 2 章的 2.2 节搭建开发环境所讲述的内容，务必搭建好环境，因为这是编程的前提，服务器的 IP 地址为 192.168.0.4，客户端的 IP 地址为 192.168.0.2。总之，要保证服务器（Ubuntu 虚拟机）和客户端（树莓派）处于同一网段且能够互相访问。

 服务器端

在 Ubuntu 虚拟机上编写下列代码，保存为文件 server.py，即

```
#!/usr/bin/env python3
import socket
```

```
socket_server = socket. socket(socket. AF_INET, socket. SOCK_STREAM)
ip_port = ('192. 168. 0. 4',9999)
socket_server. bind(ip_port)
socket_server. listen(5)

while True：
    con,addr = socket_server. accept()

    print("A new connection is created! Address is ：%s" % str(addr))
    recv_msg = con. recv(1024)
    print(recv_msg. decode())

    send_msg='Hi, Client! '
    con. send(send_msg. encode())
    con. close()
```

代码实现的操作如下：

- 导入 socket 模块；

- 调用 socket. socket() 方法创建一个 socket，其中 socket. SOCK_STREAM 表示传输层协议使用 TCP；

- 指定服务器 IP 地址和端口号；

- 通过 bind() 方法将 IP 地址和端口号绑定到第 2 步中创建的 socket 上；

- 调用 listen() 监听来自客户端的连接请求，其中 5 代表最多同时接收 5 个客户端的连接；

- 通过 accept() 阻塞等待来自客户端的连接；

- 当客户端请求来临，建立连接之后，通过 recv() 方法阻塞接收来自客户端的消息，其中 1024 代码读取消息的大小；

- 将接收的消息解码并显示；

- 通过 send() 方法发送消息给客户端，发送之前进行编码；

- 调用 close() 方法断开当前的连接。

 客户端

在树莓派上编写下列代码，保存为文件 client. py，即

```
#!/usr/bin/env python3
import socket
```

```
socket_client = socket. socket( socket. AF_INET, socket. SOCK_STREAM)
ip_port = ('192. 168. 0. 4',9999)
socket_client. connect(ip_port)

send_msg='Hi, Server! '
socket_client. send(send_msg. encode( ))

recv_msg = socket_client. recv(1024)
print( recv_msg. decode( ))

socket_client. close( )
```

代码实现的操作如下：

- 导入 socket 模块；

- 调用 socket. socket( )方法创建一个 socket，其中 socket. SOCK_STREAM 表示传输层协议使用 TCP；

- 通过 connect( )方法向服务器发起连接请求；

- 连接成功之后，通过 send( )方法向服务器发送消息，发送之前对消息编码；

- 调用 recv( )方法阻塞接收来自服务器的反馈消息；

- 收到服务器的反馈消息后对其解码并打印；

- 调用 close( )方法断开当前的连接。

 运行测试

首先在服务器端给予 server. py 文件的执行权限并启动，然后在树莓派上给予 client. py 文件的执行权限并启动。

服务器端的运行效果为

```
root@ ubuntu:/home/ax/IoT_Python_Book/12/socket# chmod u+x server. py
root@ ubuntu:/home/ax/IoT_Python_Book/12/socket# . /server. py
A new connection is created! Address is : ('192. 168. 0. 2', 36702)Hi, Server!
A new connection is created! Address is : ('192. 168. 0. 2', 36704)Hi, Server!
```

客户端的运行效果为

```
root@ raspberrypi:/opt/IoT-Python-Book/12/socket# chmod u+x client. py
root@ raspberrypi:/opt/IoT-Python-Book/12/socket# . /client. py
Hi, Client!
root@ raspberrypi:/opt/IoT-Python-Book/12/socket# . /client. py
Hi, Client!
```

12.3　requests

requests 用 Python 语言编写，基于 urllib，采用 Apache2 Licensed 开源协议的 HTTP 库。它比 urllib 更加方便，可以节约大量的工作，完全满足基于 HTTP 的应用需求。在本书的项目实战中，网关基于 requests 与服务器之间可实现备份文件的上传与下载。更重要的一点是，它支持 Python3。

12.3.1　上传文件

requests 支持流式上传，允许发送大的数据流或文件，不需要先把它们读入内存。要使用流式上传，仅需要为请求体提供一个类文件对象即可。

在本书的项目实战中，网关通过 requests 将数据库文件 gw.db 上传到服务器，代码为

```python
#!/usr/bin/env python
import requests
with open('gw.db'as f:
    requests.post('http://192.168.0.4/file_management', data=f)
```

12.3.2　下载文件

网关使用 requests 从服务器下载 gw.db 文件，代码为

```python
#!/usr/bin/env python
import requests
print("downloading with requests")
url = 'http://192.168.0.4/file_management/gw.db'
r = requests.get(url)
with open("gw.db", "wb") as code:
    code.write(r.content)
```

运行代码后，网关将把服务器上的 gw.db 文件下载到网关的当前目录。

12.4　hbmqtt

hbmqtt 是一种针对 MQTT 协议的 Python 实现，开放源代码，基于 Python 的标准异步 IO 框架 asyncio，提供基于协程的 API。开发者使用 hbmqtt，能够轻松编写基于 MQTT 协议的高并发应用程序。

hbmqtt 基于 MQTT 3.1.1 协议具有下列功能：

- 支持 3 个等级（QoS 0、QoS 1、QoS 2）的消息流；
- 当网络断开时，客户端自动发起重连；
- 支持加密认证机制；

- 自带基础系统主题；
- 支持 TCP 和 websocket 协议；
- 支持 SSL；
- 插件系统。

12.4.1　安装

由于 hbmqtt 已经加入了 PYPI，因此安装可以通过 pip 命令来完成。

在服务器和网关上，也就是 Ubuntu 虚拟机和树莓派上均要安装 hbmqtt，由于使用的 Python 版本为 Python3，因此需要使用 pip3。

执行以下命令，可完成 hbmqtt 的安装，即

```
# pip3 install hbmqtt
```

执行命令后，在 Ubuntu 虚拟机和树莓派的命令行中输入 hbmqtt，按下 Tab 键，可以查看所有与 hbmqtt 相关的命令，如

```
root@ raspberrypi:/opt/IoT-Python-Book/12/mqtt# hbmqtt
hbmqtt          hbmqtt_pub     hbmqtt_sub
```

可以看出，与 hbmqtt 相关的命令有 3 个：

- hbmqtt——用于运行 hbmqtt 的 broker；
- hbmqtt_sub——用于订阅相关主题；
- hbmqtt_pub——用于在相关主题上发布消息。

12.4.2　hbmqtt 命令操作

安装 hbmqtt 成功之后，下面介绍 3 个命令的使用方法。在本书的项目实战中，由于使用 hbmqtt 的目的是通过 MQTT 协议实现网关和服务器之间的通信，因此需要通过 hbmqtt 实现网关和服务器之间消息的互相发送与接收。

 服务器发送消息给网关

首先使用 hbmqtt 命令实现服务器发送消息、网关接收消息的功能。

图 12.2 展示了各个功能模块及消息的流向。

图 12.2 的说明如下：

- hbmqtt 的 broker 运行在服务器上，通过 hbmqtt 命令启动，负责建立网络连接，支持消息订阅与发布等核心功能；

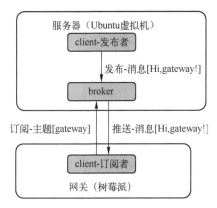

图 12.2　各个功能模块及消息的流向

- 网关作为订阅者去服务器的 broker 上订阅主题 gateway，只要有主题为 gateway 的消息发布，该消息就会被 broker 推送给所有订阅该主题的客户端，当然网关也包含在内；

- 服务器想要发送消息给网关，只需要发布主题为 gateway 的消息即可，一旦发布，则该消息就会被 broker 推送给网关。

在了解了功能模块及消息的流向之后，就可以实际服务器向网关发送消息，步骤如下：

- 在服务器上启动 hbmqtt，即

```
# hbmqtt
```

- 在树莓派上通过 hbmqtt_sub 命令订阅消息，即

```
# hbmqtt_sub --url mqtt://192.168.0.4:1883 -t /gateway
```

broker 的 IP 地址为 192.168.0.4，端口号为 1883，-t 参数表示订阅主题为 gateway。

- 在服务器上通过 hbmqtt_pub 命令发布消息，即

```
# hbmqtt_pub --url mqtt://192.168.0.4:1883 -t /gateway -m Hi,gateway!
```

-m 参数表示发布的消息内容为 Hi, gateway！。

分别执行以上 3 个步骤中的命令，当第 3 个步骤执行后，在第 2 个步骤的树莓派上能够收到服务器发来的消息 Hi,gateway！。通过以上步骤的操作，就可以实现服务器给网关发送消息的功能。

 网关发送消息给服务器

接下来使用 hbmqtt 命令实现网关发送消息、服务器接收消息的功能，如图 12.3 所示。

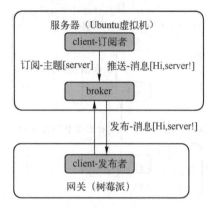

图 12.3　网关发送消息给服务器

图 12.3 的说明如下：

- hbmqtt 的 broker 运行在服务器上，通过 hbmqtt 命令启动，负责建立网络连接，支持消息订阅与发布等核心功能；
- 服务器作为订阅者去服务器的 broker 上订阅主题 server，只要有主题为 server 的消息发布，该消息就会被 broker 推送给所有订阅该主题的客户端，当然，服务器自身也包含在内；
- 网关想要发送消息给服务器，只需要发布主题为 server 的消息即可，一旦发布，则该消息就会被 broker 推送给服务器。

在了解了功能模块和消息的流向之后，就可以实际网关向服务器发送消息，步骤如下：

- 在服务器上启动 hbmqtt，即

```
# hbmqtt
```

- 在服务器上通过 hbmqtt_sub 命令订阅消息，即

```
# hbmqtt_sub --url mqtt://192.168.0.4:1883 -t /server
```

broker 的 IP 地址为 192.168.0.4，端口号为 1883，-t 参数表示订阅主题为 server。

- 在树莓派上通过 hbmqtt_pub 命令发布消息，即

```
# hbmqtt_pub --url mqtt://192.168.0.4:1883 -t /server -m Hi,server!
```

-m 参数表示发布的消息内容为 Hi, server!。

分别执行以上 3 个步骤中的命令，当第 3 个步骤执行后，在第 2 个步骤的服务器上能够收到网关发来的消息 Hi,server!。通过以上步骤的操作，就可以实现网关给服务器发送消息的功能。

通过以上内容熟悉了使用 hbmqtt 命令进行服务器与网关的双向通信。实际上，这些命令带有丰富的参数，支持 YAML 格式的多种个性化配置。读者可以查阅 hbmqtt 官方文档进行深入了解。

12.4.3　hbmqtt API 编程

hbmqtt 除了提供了命令方式，还提供了丰富的 API，以便开发者在应用程序中使用 hbmqtt 功能。下面将通过应用代码讲解 hbmqtt API 编程。

 订阅者程序

首先编写订阅者程序，保存为文件 sub.py，代码清单为

```python
#!/usr/bin/env python
import logging
import asyncio

from hbmqtt.client import MQTTClient, ClientException
from hbmqtt.mqtt.constants import QOS_1, QOS_2

async def sub_test():
  C = MQTTClient()
  await C.connect('mqtt://192.168.0.4:1883/')
  await C.subscribe([
          ('server', QOS_1),
          ('gateway', QOS_2),
      ])

  print('topic    |    message')
  print('----    |    --------------------')
  try:
    while True:
      message = await C.deliver_message()
      packet = message.publish_packet
      print("%s => %s" % (packet.variable_header.topic_name, packet.payload.data.decode()))
    await C.unsubscribe(['server', 'gateway'])
    await C.disconnect()
  except ClientException as ce:
    logger.error("Client exception: %s" % ce)

if __name__ == '__main__':
  asyncio.get_event_loop().run_until_complete(sub_test())
```

分析订阅者程序代码如下：

- MQTTClient 类提供了各种 MQTT 功能的实现，先实例化一个 MQTTClient 对象 C；
- 通过 connect( )方法与 broker 建立连接；
- 调用 subscribe( )方法订阅主题并设置消息级别；
- 调用 deliver_message( )方法等待发布的消息；
- 收到消息之后将其解码并打印显示。

 发布者程序

编写发布者程序，保存为文件 pub. py，代码清单为

```python
#!/usr/bin/env python
import asyncio

from hbmqtt.client import MQTTClient
from hbmqtt.mqtt.constants import QOS_0, QOS_1, QOS_2

async def publish_test():
    try:
        C = MQTTClient()
        ret = await C.connect('mqtt://192.168.0.4:1883/')
        message = await C.publish('server', 'MESSAGE-QOS_0'.encode(), qos=QOS_0)
        message = await C.publish('server', 'MESSAGE-QOS_1'.encode(), qos=QOS_1)
        message = await C.publish('gateway', 'MESSAGE-QOS_2'.encode(), qos=QOS_2)
        print("messages published")
        await C.disconnect()
    except ConnectException as ce:
        print("Connection failed: %s" % ce)
        asyncio.get_event_loop().stop()

if __name__ == '__main__':
    asyncio.get_event_loop().run_until_complete(publish_test())
```

分析发布者程序代码如下：

- 实例化一个 MQTTClient 对象 C；
- 通过 connect( )方法与 broker 建立连接；
- 调用 publish( )方法发布编码后的消息，并设置消息级别；
- 消息发送完毕后，调用 disconnect( )方法断开与 broker 的连接。

运行与测试

分析了订阅者与发布者的程序代码之后，运行这些代码并测试运行结果。

- 在服务器上启动 hbmqtt 服务，即

```
# hbmqtt
```

- 执行订阅者程序，即

```
# ./sub.py
```

订阅者程序既可以在服务器上运行，也可以在网关上运行。

- 执行发布者程序，即

```
# ./pub.py
```

同样，发布者程序在服务器和网关上都能执行。

- 测试运行结果。

在服务器和网关的订阅者程序中将收到来自发布者的消息，显示为

```
    topic    |    message
    -----    |    --------------------
server => MESSAGE-QOS_0
server => MESSAGE-QOS_1
gateway => MESSAGE-QOS_2
```

通过以上内容熟悉了 hbmqtt API 编程实现服务器和网关的通信。在项目实战中，服务器和网关之间的大部分消息和指令均通过该链路传输。同样，这些 API 有着丰富的参数和功能，读者可以查看官方 API 进行深入了解。

12.5　LoRa 网络通信

网关除了需要向上与服务器通信，还需要向下与终端设备通信。网关与终端设备之间的通信基于 LoRa 实现。与终端设备一样，网关同样需要采用 E32-TTL-100 LoRa 模块实现通信。

12.5.1　LoRa 模块初始化

网关通过串口操作 LoRa 模块，将 LoRa 模块的 M0 和 M1 串口与网关 GND 连接，设置 LoRa 模块的通信模式为模式 0，连接方法如图 12.4 所示。

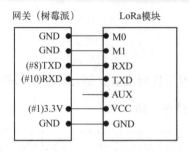

图 12.4　网关与 LoRa 模块的连接方法

由于网关通过串口操作 LoRa 模块，因此 LoRa 模块的初始化实际上就是串口的初始化。现在使用 serial 模块操作串口，如果还没有安装 serial 模块，则参考第 7 章的 7.3.7 节完成安装。

LoRa 模块初始化代码为

```
import serial
ser  = serial. Serial("/dev/ttyS0", 9600)
```

12.5.2　数据监听与接收

serial 模块提供了 inWaiting( )方法监听串口数据，当串口接收数据时，调用 readline( )方法读取数据，读取数据之后，通过 flushInput( )方法清空串口接收缓存。网关 LoRa 数据的监听与读取代码为

```
while True:
    count = ser. inWaiting( )
    if count ! = 0:
      recv = ser. readline( )
      ser. flushInput( )
```

LoRa 数据的发送使用 write( )方法。

12.5.3　数据缓存

由于每个终端设备都需要与网关进行 LoRa 通信，终端设备的数量很大，因此网关接收终端设备的 LoRa 数据量也很大，显然是不能采用单线程同步 IO 模型的。当 LoRa 数据量很大时，由于数据解析是比较耗时的，因此使用消息队列缓存接收的 LoRa 数据，当接收线程进行 IO 监听时，负责解析的线程去消息队列读取数据并进行解析，程序代码为

```
#!/usr/bin/env python
import serial
import time
import json
import threading
from time import ctime, sleep
```

```python
import queue
q = queue.Queue()
ser = serial.Serial("/dev/ttyS0", 9600)
def LoRa(func):
    while True:
        #Waiting for LoRa module message from uart port.
        count = ser.inWaiting()
        if count != 0:
            recv = ser.readline()
            ser.flushInput()
            q.put(recv.decode())
            print(recv.decode())
        sleep(0.1)


def LoRa_json(func):
    global recv
    while True:
        if q.empty():
            pass
        else:
            data = q.get()
            print(data)
        sleep(1)


threads = []
t1 = threading.Thread(target=LoRa, args=('LoRa Thread',))
threads.append(t1)
t2 = threading.Thread(target=LoRa_json, args=('LoRa_json_parse Thread',))
threads.append(t2)


if __name__ == '__main__':
    for t in threads:
        t.start()
    while True:
        sleep(2)
```

第13章
物联网后台 Web 开发

终端设备通过大量的传感器完成数据采集。网关将终端设备采集的数据传输到后台服务器。服务器负责存储和分析这些数据，并将这些数据通过 Web 界面，采用各种形式的图表呈现在客户面前。Web 界面提供了人机交互接口，使客户可以实现对终端设备的远程控制。

Python 提供了多种 Web 框架实现快速的 Web 开发，比较著名的有 Django、Flask 等。下面将以 Django 为例介绍物联网后台的 Web 开发。

13.1 Django 简介

Django 是一个使用 Python 编写的开源 Web 应用框架，基于 MVC 构造，控制器接收的输入部分由框架自行处理。Django 关注的是模型（Model）、模板（Template）和视图（Views），被称为 MTV 模式。

Django 的主要目的是简便、快速地开发数据库驱动的网站，强调代码复用，多个组件以插件的形式服务于整个框架。Django 有许多功能强大的第三方插件。

总体来说，Django 有下列特点：

- ORM（对象关系映射）：以 Python 类形式定义数据模型，将模型与关系数据库连接起来，可以得到一个非常容易使用的数据库 API，同时开发者也可以在 Django 中使用原始的 SQL 语句。

- URL 分派：使用正则表达式匹配 URL，开发者可以设计任意的 URL，没有框架的特定限定。

- 模板系统：强大且可扩展的模板语言可以将设计、内容及 Python 代码分隔开来，并且具有可继承性。

- 表单处理：开发者不仅可以方便地生成各种表单模型，实现表单的有效性检验，还可以方便地从定义的模型实例中生成相应的表单。

- Cache 系统：可以挂在内存缓冲或其他框架实现超级缓冲，实现所需要的粒度。

- 会话（session）：登录与权限检查，可快速开发会话功能。

- 国际化：内置国际化系统，方便开发多种语言的网站。
- 自动化的管理界面：不需要开发者花大量的工作创建人员管理和更新内容，自带一个 Admin site，类似于内容管理系统。

Django 的部署非常方便，可以运行在 Apache、Nginx 上，也可以运行在支持 WSGI、FastCGI 的服务器上。Django 支持多种数据库，包括 Postgresql、MySql、Sqlite3、Oracle 等。Google App Engine 也支持 Django 的某些部分，国内支持的平台有（SAE）Sina App Engine、（BAE）百度应用引擎等。

此外，Django 还拥有强大的文档体系和开发者社区。开发者通过网上资源可以轻松学习 Django 的开发。

13.2　创建一个网站

接下来将使用 Django 创建一个简单的网站。

13.2.1　Django 安装

本书在开发阶段使用 PC 的 Ubuntu 虚拟机模拟服务器，通过 PC 浏览器访问虚拟机的 Django 网站。Ubuntu 虚拟机的网络采用桥接模式，确保与 PC 之间能够互相访问。

Python 的版本为 Python3.5，安装虚拟环境 virturlenv，安装 pip3 命令。

在 Linux 环境下安装 Django 非常简单，使用 pip3 命令即可，在 Ubuntu 虚拟机中安装 Django，版本为 1.10.4，命令为

```
# pip3 install Django==1.10.4
```

执行命令之后，可以通过 django-admin.py 命令验证安装结果，如果返回 Django 版本，则证明 Django 安装成功，即

```
# django-admin.py --version
1.10.4
```

13.2.2　创建项目

Django 安装完成之后，就可以创建一个项目（project）了。项目是 Django 一系列设置的集合，包括数据库配置、Django 特定选项及应用程序的特定设置等。

创建项目使用 django-admin.py startproject 命令，如创建一个名为 sips 的项目，即

```
# django-admin.py startproject sips
```

执行命令之后，在当前目录中会生成名为 sips 的文件夹。sips 文件夹的结构为

主要文件的含义如下：

- manage. py——Django 项目管理脚本，可以执行 manage. py help 查看该脚本的具体功能；

- __init__. py——代表该目录为一个 python 包；

- settings. py——Django 项目的配置文件；

- urls. py——Django 项目的 URL 配置文件，可视为 Django 网站的目录；

- wsgi. py——Python web 服务器网关的接口文件。

13. 2. 3　运行与访问

Django 开发服务是一个内建的、轻量的 Web 服务。Django 提供这个服务器是为了让开发者快速开发站点，也就是说，在准备发布产品之前，不需要进行产品级 Web 服务器（如 Apache）的配置工作。开发服务器可监测代码并自动加载，可很容易地修改代码而不用重新启动服务。

执行以下命令启动 Django 网站，即

```
# python manage. py runserver 0. 0. 0. 0:80
```

IP 地址 0. 0. 0. 0，意味着服务器将监听所有的网站地址，80 是端口号，执行命令之后，显示信息为

```
Django version 1. 10. 4, using settings 'sips. settings'
Starting development server at http://0. 0. 0. 0:80/
Quit the server with CONTROL-C.
```

此时，在浏览器中输入 192. 168. 0. 4 将呈现如图 13. 1 所示的界面。192. 168. 0. 4 是 Ubuntu 虚拟机的地址。读者需要修改为自己的 IP 地址。

出现如图 13. 1 所示的界面，表明网站访问成功。

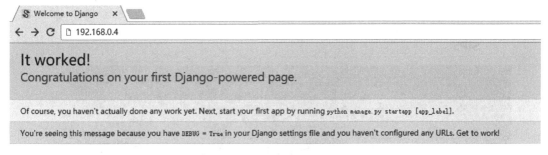

图 13.1　网站访问成功界面

如果出现错误信息

> DisallowedHost at /
> Invalid HTTP_HOST header：'192. 168. 0. 4'. You may need to add u'192. 168. 0. 4' to ALLOWED_
> HOSTS.

那么需要将 settings. py 文件中的 ALLOWED_HOSTS = [ ]改为 ALLOWED_HOSTS = [' * ']。

在浏览器中将访问地址改为 192. 168. 0. 4/hello，看看会发送什么，不出意外的话，将会看到如图 13. 2 所示的界面。

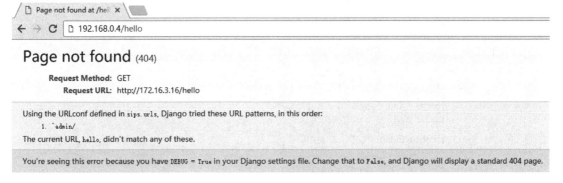

图 13.2　404 错误界面

图 13. 2 中，当将地址改为 192. 168. 0. 4/hello 时，发生了 404 错误，并且 Diango 给出了错误原因，若要禁止显示错误信息，可以将 settings. py 文件中的 DEBUG 由 True 改为 False。

13.3　网站首页

上一节创建了一个非常简单的网站，下面将在此基础上构建一个首页，构建完成之后，启动 Django 服务，通过浏览器访问地址 192. 168. 0. 4，可得到如图 13. 3 所示的界面。

图 13.3　网站首页界面

13.3.1　源代码文件结构

sips 项目主要源代码文件的结构为

```
sips/
├── manage.py
└── sips
    ├── home
    │   ├── __init__.py
    │   ├── static
    │   ├── templates
    │   │   └── home
    │   │       └── home.html
    │   └── views.py
    ├── __init__.py
    ├── settings.py
    ├── static
    │   ├── css
    │   ├── images
    │   │   ├── sips-logo.png
    │   │   └── sisp-background.png
    │   └── js
    ├── templates
    │   └── base.html
    ├── urls.py
    └── wsgi.py
```

其中有 2 个名为 sips 的文件夹：外层的 sips 文件夹为一个 Django 工程；内层的 sips 文件夹用来存储项目的应用、源代码、配置文件。manage. py 文件为工程管理脚本。在内层的 sips 文件夹目录中含有众多的目录和文件，其中的 home 目录为一个应用。home 应用通过如下命令创建，即

```
# python manage. py startapp home
```

home 命令中的文件含义如下：

- __init__. py：代表该目录为一个 python 包；
- static：该目录存放 css、javascript、图片等文件；
- templates：存放 home 页面相关的 html 文件；
- views. py：home 应用的视图文件，用来处理 home 页面请求。

sips 为一个项目。home 为一个应用。在 Django 中，项目和应用的区别如下：

- 一个应用是一套 Django 功能的集合，是实现 Django Web 的核心功能；
- 项目由一个或多个应用及配置文件组成，主要目的是提供配置文件，管理、配置项目。

在理论上，一个项目可以由一个应用完成所有的功能，对于一个复杂的项目，多个应用可使代码的功能划分更加清晰。需要注意的是，如果项目需要使用 Django 模型（数据库），则 Django 模型必须放在应用中。

13.3.2　视图与 URL 配置

上一节大致讲述了项目源代码的含义，其目的是方便接下来的理解，至少明白 home 目录对应的是 home 页面，提到某个文件时知道文件路径。

当运行 python manage. py runserver 0. 0. 0. 0:80 时，Django 首先将在 80 端口监听所有的请求。当收到浏览器的访问请求时，Django 框架会把 url 中的 IP 和端口号之后的字符提取出来，如 http://www. 192. 168. 0. 4:80/提取后的字符为空字符，同时会在 sips 项目目录中寻找名为 settings. py 的配置文件。该文件包含所有关于项目的配置信息。其中，ROOT_URLCONF = sips. urls'定义了 urlCONF 文件，即 sips 目录中的 urls. py 文件。然后把提取的字符使用 urls. py 文件中 urlpatterns 定义的正则匹配规则进行匹配，匹配成功后，调用相应的视图函数。

urls. py 文件代码片段为

```
from sips. home import views as sips_views
urlpatterns = [
    url( r'^ $ ', home_views. home, name='home'),
    ]
```

r'^ $ '正则表达式将匹配空字符。home_views 为 home 应用的视图 views. py。

当在浏览器中输入地址 http://www. 192. 168. 0. 4:80/后，Django 框架可通过正则匹配到空字符，调用 home 目录中 views. py 视图文件中的 home 函数。

home 目录中，views. py 视图文件 home 函数的代码为

```
def home( request) :
    return render( request, 'home/home. html')
```

home 函数将 home. html 文件返回浏览器，浏览器收到 home. html 后进行渲染，就可以看到 home. html 所呈现的页面，即网站的首页。

总结一下大致的流程如下：

- Django 截取浏览器 URL 得到空字符；
- 在 settings. py 文件中通过 ROOT_URLCONF 判断 urls. py 文件；
- 在 urls. py 文件中逐条匹配 urlpatterns 定义的匹配规则；
- 当匹配到空字符时，调用 home 应用的视图函数；
- home 函数返回 home. html 文件给浏览器；
- 浏览器显示 home. html 文件的内容。

由于 urls. py 并没有定义/hello 的匹配规则，因此浏览器在访问 192. 168. 0. 4/hello 时返回 404 错误。

 低耦合

从 home 页面的 url 配置可以看出，home 视图和 url 配置之间是低耦合的，urls. py 中决定哪个视图和视图的实现在两个不同的地方，可以单独修改 url 或者视图而不影响对方。比如，想把匹配到空字符的响应视图定义为另外一个应用，只需要修改 url 配置中的视图即可。同样，如果想把返回的页面从 home. html 改为另外一个，则通过改变 home 视图函数中的返回内容即可实现。

13.4　Django 模板系统

前面讲述了 Django 如何识别浏览器请求、处理请求，最终返回 home. html 文件给浏览器，浏览器通过解析、渲染 home. html，呈现网站首页的过程。home. html 决定了网站的前端显示。views. py 属于后台逻辑处理。在实际开发中，它们分别属于前端和后台。为了使前端、后台的工作分离，Django 提供了模板系统。

13. 4. 1　文本格式

模板是一个文本，用于分离文档的表现形式和内容。模板定义了占位符及各种用于规范文档该如何显示的各部分基本逻辑（模板标签）。模板通常用于产生 HTML。Django 的模板也能产生任何基于文本格式的文档。

home. html 的代码片段为

```
{% extends 'base. html' %}
{% load staticfiles %}
{% block content %}
...

        <h1><a href="{% url 'home' %}">Donkey</a></h1>
        <nav role="navigation">
            <ul>
                <li class="active"><a href="{% url 'home' %}">Home</a></li>
...
        {% if not request. user. is_authenticated %}
            <li class="cta"><a href="{% url 'login' %}">Login</a></li>
        {% else %}

            <li class="dropdown">
                <a href="{% url 'profile' user. username %}" class="dropdown-toggle" data-toggle="
dropdown">{{ user. profile. get_screen_name }}<b class="caret"></b></a>
                <ul class="dropdown-menu">
...

                </ul>
            </li>
        {% endif %}
```

 变量

用两个大括号括起来的文字（如 {{ person_name }}）为变量。这意味着在此处可以插入指定变量的值。

 模板标签

被大括号和百分号包围的文本（如 {% if not request. user. is_authenticated %}）为模板标签。

模板标签的作用：通知模板系统完成某些工作。home. html 中包含 if 标签和 url 标签。

 过滤器

Django 模板的过滤器是在变量被显示前修改其值的一种方法。

模板注释

Django 模板中使用{# #}进行代码注释。

模板加载

home views. py 中的 home 函数为 render(request，'home/home. html')。

render 函数返回 home. html 文件给浏览器。它是如何找到 home. html 文件的呢？使用了第三方库 unipath。

在 settings. py 中配置的信息为

```
import os
BASE_DIR = os. path. dirname( os. path. dirname( os. path. abspath( __file__)))
from unipath import Path
PROJECT_DIR = Path( __file__). parent
STATIC_ROOT = PROJECT_DIR. parent. child('staticfiles')
STATIC_URL = '/static/'
STATICFILES_DIRS = (
    PROJECT_DIR. child('static'),

TEMPLATES = [
    {
        'BACKEND': 'django. template. backends. django. DjangoTemplates',
        'DIRS': [
            PROJECT_DIR. child('templates'),
```

由于通过 PROJECT_DIR. child('templates')使 home 应用的 templates 目录能够被识别，因此 templates 目录中的 home/home. html 模板能够被加载。

13. 4. 2　模板继承

浏览网站可以发现，几乎每个页面都有相同的内容，没必要给每个 html 页面文件都重复书写相同的代码。Django 提供了模板继承机制，构造了一个基本模板 base. html，子模板通过对基本模板的重载，添加或保留基本模板中块的内容。home. html 通过{% externds 'base. html'%}继承 base. html。

base. html 的代码片段为

```
{% load staticfiles i18n %}
<!DOCTYPE html>
    <head>
    <meta charset = "utf-8">
```

```
<meta http-equiv="X-UA-Compatible" content="IE=edge">
<title>
{% block title %}SIPS &mdash; Smart IoT Planting System{% endblock %}
</title>
<link rel="icon" type="image/png" href="{% static 'images/sips-logo.png' %}">
<meta name="author" content="Arvin" />
<meta name="viewport" content="width=device-width, initial-scale=1">
<meta name="description" content="Donkey, IOT, OS, Internet of Things, Operating System" />
<meta name="keywords" content="Donkey, IOT, OS, Internet of Things, Operating System" />
<!--<link href="https://fonts.googleapis.com/css?family=Raleway:200,300,400,700" rel="stylesheet">        -->
    <link href="https://fonts.googleapis.com/css?family=Raleway:200,300,400,700" rel="stylesheet">

    <!-- Animate.css -->
    <link href="{% static 'css/animate.css' %}" rel="stylesheet">
    <!-- Icomoon Icon Fonts-->
    <link href="{% static 'css/icomoon.css' %}" rel="stylesheet">
    <!-- Bootstrap  -->
    <link href="{% static 'css/bootstrap.css' %}" rel="stylesheet">
    <!-- Flexslider  -->
    <link href="{% static 'css/flexslider.css' %}" rel="stylesheet">
    <!-- Theme style  -->
    <link href="{% static 'css/style.css' %}" rel="stylesheet">

    <!-- Modernizr JS -->
    <script src="{% static 'js/modernizr-2.6.2.min.js' %}"></script>
    <!-- FOR IE9 below -->
    <!--[if lt IE 9]>
    <script src="{% static 'js/respond.min.js' %}"></script>
    <![endif]-->

    {% block head %}{% endblock head%}
</head>
<body>

    {% block content %}{% endblock content%}
    ...
```

 <!DOCTYPE html> 的作用

声明文档的解析类型（document.compatMode）可避免浏览器的怪异模式。

document.compatMode：

- BackCompat：怪异模式，浏览器使用自己的怪异模式解析渲染页面。

- CSS1Compat：标准模式，浏览器使用 W3C 的标准解析渲染页面。

<meta charset="utf-8">可避免在 chrome 浏览器中乱码。

```
<meta http-equiv="X-UA-Compatible" content="IE=edge">
```

http-equiv 相当于 http 的头文件，可以向浏览器传回一些有用的信息，帮助浏览器正确显示页面的内容。

X-UA-Compatible IE8 的专用标记用来指定 IE8 浏览器去模拟某个特定版本 IE 浏览器的渲染方式，以此来解决部分兼容问题。

以上代码告诉 IE 浏览器，IE8/9 及以后的版本都会以最高版本 IE 来渲染页面。

 ## name 属性

name 属性主要用于描述页面，与之对应的属性值为 content。content 中的内容主要便于搜索引擎机器人查找信息和分类信息。

author：作者。

viewport：用于控制页面缩放。

description：页面描述，用于搜索引擎收录。

keywords：页面关键词，用于被搜索引擎收录。

 ## 页面标题栏内容

```
<title>
{% block title %} SIPS &mdash; Smart IoT Planting System {% endblock %}
</title>
{% block title %} {% endblock %} 之间的内容可被重载。
```

 ## 模板继承 Tips

- 创建 base.html 基本模板，在其中定义页面的总体风格及很少修改或者从不修改的元素。

- 为网站的每个区域创建 base_SECTION.html 模板，对 base.html 进行扩展，具有区域自己的设计风格。

- 为每种类型的页面创建独立的模板。

- 如果在模板中使用 {% extends %}，则必须保证为模板中的第一个模板标记。

- 一般来说，基础模板中的 {% block %} 标签越多越好。
- 在多数情况下，{% extends %} 的参数应该是字符串，如果直到运行时才能确定父模板名，则这个参数也可以是变量。

显示 ico 图标

网站 title 前面的 ico 小图标代表整个网站的 logo，在 Django 中显示 ico 小图标的方法为

```
<link rel="icon" type="image/png" href="{% static 'images/sips-logo.png' %}">
```

Django 静态文件处理

在 home.html 文件中调用 css、JavaScript 及图片，它们均属于静态文件。

Django 模板调用 css、JavaScript 及图片的方法为

```
<link href="{% static 'css/animate.css' %}" rel="stylesheet">
<script src="{% static 'js/modernizr-2.6.2.min.js' %}"></script>
<link rel="icon" type="image/png" href="{% static 'images/sips-logo.png' %}">
```

13.5　Django 模型

上一节讲述了 Django 模板系统，大致分析了 home.html 文件中部分代码的含义。不难发现，home 页面展示的内容不会根据访问者、访问时间或者其他条件的不同而更改，是一个静态页面。

物联网后台网站的大量功能均与用户相关，如显示用户的项目信息、设备列表、环境数据等。项目信息存放在数据库中，在注册、登录之前，首先要创建数据库，在 Django 中使用模型操作数据库。

13.5.1　安装 MySQL 数据库

在 Ubuntu 下通过 apt-get 命令安装 mysql-server mysql-client libmysqlclient-dev，即

```
#sudo apt-get install mysql-server mysql-client libmysqlclient-dev
```

为数据库 root 设置密码，即

```
# mysqladmin -u root password '123456'
```

启动 MySQL 数据库，即

```
# service mysqld start
```

查看数据库运行状态，即

```
# service mysqld status
mysqld（pid　3606）is running...
```

查看 MySQL 数据库服务是否开机启动，即

```
# chkconfig --list │ grep mysqld
```

如果状态为 off，则通过如下命令将 mysqld 加入开机启动项，即

```
# chkconfig mysqld on
```

 安装 pymysql

pymysql 是 Python3 连接 MySQL 数据库的模块，通过 pip3 命令安装，即

```
#pip3 install pymysql
```

在 Python 解释器中，import pymysql 不报错证明安装成功。

13.5.2　创建模型

在用户管理应用 authentication 目录中修改模型文件 models. py，以 profile 为例，代码为

```
from django. db import models

class Profile( models. Model) :
    user = models. OneToOneField( User)
    location = models. CharField( max_length = 50, null = True, blank = True)
    url = models. CharField( max_length = 50, null = True, blank = True)
    job_title = models. CharField( max_length = 50, null = True, blank = True)

    class Meta：
        db_table = 'auth_profile'
```

在代码中，首先导入 django. db 的 models，在 Django 中，每个数据库模型都是 django. db. models. Model 的子类。它的父类 Model 包含所有必要的和数据库交互的方法，并提供了一个简洁的、漂亮的定义数据库字段的语法。

每个数据库模型都相当于单个数据库表，每个属性也是数据库表中的一个字段。属性名

称就是字段名称，类型（如 CharField）相当于数据库的字段类型（如 varchar）。db_table = 'auth_profile'定义了数据库表的名称。

将代码译成 SQL 语句为

```
CREATE TABLE 'auth_profile' (
'id' integer AUTO_INCREMENT NOT NULL PRIMARY KEY,
'location' varchar(50) NULL,
'url' varchar(50) NULL,
'job_title' varchar(50) NULL,
'user_id' integer NOT NULL UNIQUE,
);
```

在数据库模型安装过程中，Django 会自动创建 SQL 语句，在类 Profile 中并没有为数据库模型定义任何主键，在这种情况下，Django 会自动为每个数据库模型生成一个自增长的整数主键字段 id，即

```
'id' integer AUTO_INCREMENT NOT NULL PRIMARY KEY
```

 安装模型

在 Django 中提供了多条命令支持数据库模型的安装，也就是创建数据库表。

通过 python manage. py help 可以查看这些命令。

python manage. py check 命令用来验证数据库模型是否有效，为创建数据库提供最初的检验。

python manage. py migrate 命令用来根据数据库模型生成相应的数据库表，正常执行时会出现类似这样的提示信息，即

```
Applying auth. 0001_initial... OK
Applying temp. 0001_initial... OK
Applying humi. 0001_initial... OK
Applying alarm. 0001_initial... OK
```

查看数据库，应当出现定义的数据库表。

查看表 auth_profile，应当与定义的字段一致。

输入# mysql −u root −p 密码进入 MySQL 数据库，即

```
mysql> use sips;
Reading table information for completion of table and column names
You can turn off this feature to get a quicker startup with −A

Database changed
```

```
mysql> show tables;
+----------------------------+
| Tables_in_sips             |
+----------------------------+
| auth_profile               |
| auth_user                  |
| django_admin_log           |
| django_content_type        |
| django_migrations          |
| django_session             |
+----------------------------+
mysql> select * from auth_profile;
+----+----------+--------+--------------+---------+
| id | location | url    | job_title    | user_id |
+----+----------+--------+--------------+---------+
```

13.5.3　必要的配置

下面通过调用 Django 框架自带的 admin 库和 auth 库实现用户注册功能，即在 settings.py 中配置 APPS，开启 admin 库和 auth 库，将 authentication 的应用配置进来，即

```
INSTALLED_APPS = (
    'django.contrib.admin',
    'django.contrib.auth',
    'django.contrib.contenttypes',
    'django.contrib.sessions',
    'django.contrib.messages',
    'django.contrib.staticfiles',
    'django.contrib.humanize',

    sips.home',
    sips.authentication',
```

除此之外，还需要为 Django 框架配置数据库的相关信息，在 settings.py 中的配置为

```
DATABASES = {
    'default': {
        'ENGINE' : 'django.db.backends.mysql',
        'NAME' : sips,
        'USER' : 'root',
        'PASSWORD' : '123456',
        'HOST' : 'localhost',
        'PORT' : '3306',
    }
}
```

数据库使用的是 MySQL，名称为 sips，账号密码为 root/123456，因为 Django 工程和数据库运行在同一台机器上，所以 HOST 为 localhost，MySQL 默认的端口号为 3306。

通过前面对 auth_profile 模型的创建、安装、配置，数据库中 auth_profile 表的一切都准备妥当了。

13.6　用户注册

有了数据库的支持，就可以实现用户注册功能了。

在未登录状态下，首页右上角会显示 Login 按钮，登录后，显示用户名称。

home. html 代码片段为

```
...
    {% if not request. user. is_authenticated %}
        <li class="cta"><a href="{% url 'login' %}">Login</a></li>
    {% else %}

        <li class="dropdown">
        <a href="{% url 'profile' user. username %}" class="dropdown-toggle" data-toggle=
"dropdown">{{ user. profile. get_screen_name }}<b class="caret"></b></a>
        <ul class="dropdown-menu">
...
```

在 home. html 代码片段中使用了 {% if %} {% else %} {% endif %} 标签，通过判断 request. user. is_authenticated 确认当前的登录状态。

单击 Login 按钮进入登录界面，在登录界面中单击 Signup 进入注册界面。

登录界面模板文件 login. html 代码片段为

```
<div><a href="{% url 'signup' %}">Signup</a></div>
```

在登录界面中，通过 {% url %} 标签跳转到 signup URL。

Django 框架收到浏览器 signup 的请求时，首先截取 http://192.168.0.4:80/signup/ 得到 URL 字符 signup，然后用 signup 去 urls. py 文件中进行正则匹配。urls. py 代码片段为

```
from sips. authentication import views as sips_auth_views
urlpatterns = [
    url(r'^signup/$', sips_auth_views. signup, name='signup'),
```

匹配成功后，调用视图函数 signup，代码为

```
def signup(request):
    if request. method == 'POST':
```

```
form = SignUpForm(request. POST)
if not form. is_valid():
    return render(request, 'authentication/signup. html',
                    {'form': form})

else:
    username = form. cleaned_data. get('username')
    email = form. cleaned_data. get('email')
    password = form. cleaned_data. get('password')
    User. objects. create_user(username=username, password=password,
                                email=email)
    user = authenticate(username=username, password=password)
    login(request, user)
    return redirect('/')

else:
    return render(request, 'authentication/signup. html',
                    {'form': SignUpForm()})
```

视图函数 signup 首先判断 request. method 的类型：

- GET：如果是进入、刷新注册页面，则 request. method 为 GET；

- POST：如果填写了相应的注册信息，则单击注册按钮，request. method 为 POST。

 请求类型为 GET

如果是 GET，则证明浏览器在请求注册页面，视图函数 signup 返回注册页面的模板 signup. html 和注册表单 SignUpForm，即

```
if request. method == 'POST':
......
    else:
        return render(request, 'authentication/signup. html',
                        {'form': SignUpForm()})
```

注册功能的表单文件为 form. py，Django 表单框架的用法是为每一个需要表单处理的 HTML 文件定义一个 Form 类，为 signup. html 定义类 SignUpForm，代码片段为

```
from django. contrib. auth. models import User
class SignUpForm(forms. ModelForm):
    username = forms. CharField(
        widget=forms. TextInput(attrs={'class': 'form-control'}),
        max_length=30,
        required=True,
        label="Username",
```

```
                help_text = 'Usernames may contain <strong>alphanumeric</strong>, <strong>_</strong>
        and <strong>. </strong> characters')
            password = forms. CharField(
                required = True,
                widget = forms. PasswordInput( attrs = { 'class': 'form-control' } ) )
        confirm_password = forms. CharField(
                widget = forms. PasswordInput( attrs = { 'class': 'form-control' } ),
                label = "Confirm your password",
                required = True)
        email = forms. CharField(
                widget = forms. EmailInput( attrs = { 'class': 'form-control' } ),
                required = True,
                label = "Email",
                max_length = 75)

        class Meta:
            model = User
            exclude = [ 'last_login', 'date_joined']
            fields = [ 'username', 'email', 'password', 'confirm_password', ]
```

SignUpForm 中的每一个字段（username、password、email）均作为 Form 类的属性展现为 Field 类，代码中使用了 CharField。

输入类型用到三种：

● TextInput：普通文本输入；

● PasswordInput：密码输入，输入内容隐藏；

● EmailInput：邮箱输入。

required = True 代表该项目必须输入，如果为 False，则表示该项目为可选项。label 定义了注册界面表单项目的名称。help_text 定义了注册界面表单项目的提示信息，如提示用户名称只能是文字、数字、下画线或点。max_length 定义了字段长度限制。

代码中的注册功能调用了 Django 框架自带的 auth 库，数据库的操作使用 auth 库的模型，即

```
from django. contrib. auth. models import User
. . . . . . .
model = User
```

fields 中 username、email、password 的排列顺序决定了它们在注册界面中的显示顺序：

```
fields = [ 'username', 'email', 'password', 'confirm_password', ]
```

至此，视图函数为浏览器返回 signup. html 注册界面和 SignUpForm 表单，前提是浏览器的请求为 GET。

请求类型为 POST

当浏览器的请求类型为 POST 时，代表该请求是用户输入注册信息，单击注册按钮，视图函数首先会验证表单是否有效，如果无效，则再次为浏览器返回注册页面 signup. html 和 SignUpForm 表单，相关代码为

```
if request. method = = 'POST':
        form = SignUpForm( request. POST)
        if not form. is_valid( ):
                return render( request, 'authentication/signup. html',
                               {'form': form} )
```

如果 SignUpForm 表单有效，则通过 form. cleaned_data. get 获取用户名称、邮箱、密码，调用 Django 框架的 auth 库进行注册，将注册信息写入数据库，最终跳转到首页，相关代码为

```
......
else:
        username = form. cleaned_data. get('username')
        email = form. cleaned_data. get('email')
        password = form. cleaned_data. get('password')
        User. objects. create_user( username = username, password = password,
                                email = email)
        user = authenticate( username = username, password = password)
        login( request, user)
        return redirect('/')
......
```

注册成功之后，登录数据库，查看注册用户信息，即

```
# mysql -u root -p
mysql> use sips
Reading table information for completion of table and column names
You can turn off this feature to get a quicker startup with -A

Database changed
mysql> select * from auth_user;
```

需要注意的是，插入数据用户名称、密码时也可以使用 User. objects. create_user(...)方法。该方法会把密码生成哈希值插进数据库，不能使用 User. objects. create(...)方法，密码为明文。

在注册过程中，Django 框架自带防止 CSRF 的攻击功能。GET 请求不需要 CSRF 认证。由于 POST 请求需要认证才能得到返回结果，因此在 POST 表单中需要加入{% csrf_token

%}，即

```
<form action="{% url 'signup' %}" method="post" role="form">
      {% csrf_token %}
      {% for field in form. visible_fields %}
```

13.7　账号登录

前面讲述的登录功能完全调用了 Django 框架自带的 auth 库，只是对于登录界面进行了重新设计，没有沿用 Django 框架自带的界面。

首先 urls. py 的配置为

```
from django. contrib. auth import views as auth_views
……
urlpatterns = [
      ……
      url( r'^login', auth_views. login, {'template_name': 'user/login. html'},
            name='login'),
```

通过 url 标签跳转到 login，{% url 'login'%}。url 标签将与 urls. py 中的 name='login'匹配，调用 Django auth 中的视图函数 login，把设计模板 user/login. html 传递给视图函数 login，同时在浏览器中显示 login URL。

重新设计的登录界面如图 13.4 所示。

图 13.4　登录界面

auth views. py 的路径为/usr/local/lib/python3. 5/site-packages/django/contrib/auth/views. py。

login 视图函数代码为

```
def login( request, template_name='registration/login. html',
            redirect_field_name=REDIRECT_FIELD_NAME,
```

```
                    authentication_form = AuthenticationForm,
                    extra_context = None, redirect_authenticated_user = False):
    """
    Displays the login form and handles the login action.
    """
    redirect_to = request. POST. get(redirect_field_name, request. GET. get(redirect_field_name, ""))
    if redirect_authenticated_user and request. user. is_authenticated:
        redirect_to = _get_login_redirect_url(request, redirect_to)
        if redirect_to = = request. path:
            raise ValueError(
                "Redirection loop for authenticated user detected. Check that "
                "your LOGIN_REDIRECT_URL doesn't point to a login page. "
            )
        return HttpResponseRedirect(redirect_to)
    elif request. method = = "POST":
        form = authentication_form(request, data = request. POST)
        if form. is_valid():
            auth_login(request, form. get_user())
            return HttpResponseRedirect(_get_login_redirect_url(request, redirect_to))
    else:
        form = authentication_form(request)

    current_site = get_current_site(request)

    context = {
        'form': form,
        redirect_field_name: redirect_to,
        'site': current_site,
        'site_name': current_site. name,
    }
    if extra_context is not None:
        context. update(extra_context)

    return TemplateResponse(request, template_name, context)
```

login 视图函数使用了 if elif else 条件判断，会有三种不同的情况：

● 判断登录界面提交的用户账号是否已经认证成功；

● 判断浏览器请求类型是否为 POST；

● 其他情况。

这三种情况取决于浏览器端的行为。

第一种行为　跳转进登录界面或刷新登录界面

在这种行为下，浏览器的目的是从 Django 服务器获取登录界面，有了登录界面才会以 POST 的方式提交含有用户信息的表单。

很显然，这种行为请求根本不会有用户信息，就更不会已经通过认证，并且请求的类型是 GET。GET 是为了获取登录表单和登录界面的模板文件。在这种行为请求下，Django 会执行第三种情况的代码，即

```
from django. contrib. auth. forms import (
    AuthenticationForm, PasswordChangeForm, PasswordResetForm, SetPasswordForm,
)
……
authentication_form = AuthenticationForm,
……
else:
    form = authentication_form(request)
```

在代码中定义了一个表单变量 authentication_form，值为 AuthenticationForm，来源于 Django 框架的 auth 库。前文曾声明，登录功能除了重新设计界面，其他部分全部使用 auth 库自带的功能，包括视图处理登录逻辑、数据库操作及表单。

login 视图函数最终将登录界面的模板文件和包含表单的 context 返回给浏览器，即

```
return TemplateResponse(request, template_name, context)
```

 第二种行为　单击登录按钮

当用户在登录界面中输入相关信息，单击登录按钮后，含有用户信息的表单将以 POST 的请求方式提交给 Django。Django 将执行第二种情况的代码，相关代码片段为

```
from django. contrib. auth import (
    REDIRECT_FIELD_NAME, get_user_model, login as auth_login,
    logout as auth_logout, update_session_auth_hash,
)
……
def _get_login_redirect_url(request, redirect_to):
    if not is_safe_url(url=redirect_to, host=request. get_host()):
        return resolve_url(settings. LOGIN_REDIRECT_URL)
    return redirect_to
……
elif request. method == "POST":
        form = authentication_form(request, data=request. POST)
```

```
if form. is_valid( ) :
    auth_login( request , form. get_user( ) )
    return HttpResponseRedirect( _get_login_redirect_url( request , redirect_to) )
```

首先验证表单是否有效，然后调用 auth_login 函数进行账号验证，与数据库中的账号、密码进行比对。auth_login 实际上是 django. contrib. auth 目录中的__init__. py 文件中的 login 函数，auth_login 只是一个别名。

账号验证成功之后，会将浏览器地址重定向到由 settings. LOGIN_REDIRECT_URL 变量指定的界面。该变量在 settings. py 文件中被定义，登录成功时，跳转到网站首页，在 settings. py 中配置为

```
LOGIN_REDIRECT_URL = '/'
```

 第三种行为　将 LOGIN_REDIRECT_URL 定义为登录界面

当用户登录成功，将重定向界面设置为登录界面时，浏览器永远都会显示登录界面而无法跳出。

Django 通过对这种行为的判断提示用户不要把重定向界面配置为登录界面。笔者理解第一种情况下代码的目的，是告诉开发者出错的原因，引导开发者进行正确的配置，返回提示信息给浏览器，达到纠正错误的目的，代码为

```
if redirect_to = = request. path :
    raise ValueError(
        " Redirection loop for authenticated user detected. Check that "
        " your LOGIN_REDIRECT_URL doesn't point to a login page. "
    )
```

当用户主动登录时，在登录成功后，跳转到网站首页。至此，完整的登录流程分析完毕，调用 Django 框架自带的 auth 库显得非常方便和快捷。

第14章
物联网 Python 项目实战

项目名称为智能物联网种植系统，面向农场、大棚等农作物种植领域。本章将从整体架构到每个小部分详细介绍项目的开发细节。项目的编程语言几乎全部使用 Python。

项目在 GitHub 上开源。读者可以在 GitHub 网站中搜索项目名称 Smart-IoT-Planting-System，以获取源代码。

14.1 项目简介

智能物联网种植系统由终端设备、网关和后台服务器三部分组成。智能物联网种植系统的整体架构如图 14.1 所示。

根据功能，架构分为以下几个模块：

- 环境监测通过空气温湿度、光照强度、雨滴、水位、土壤湿度等多种传感器采集数据，统计当前的环境信息，根据环境信息采取措施，达到科学种植的目的，同时将数据生成直观的图表，以便统计和阅读。

- 滴灌系统提供多种滴灌模式，包括手动控制滴灌、定时滴灌、自动滴灌，可通过 Web 界面进行控制和配置。滴灌系统由程序远程控制，手动单击 Web 按钮可开启和停止滴灌。配置定时滴灌后，滴灌系统会自动按时启动滴灌。设置土壤湿度值之后，当土壤湿度传感器检测到湿度低于设定值时会自动开启滴灌。

- 安防报警通过人体红外传感器检测种植场地的多个地点，当检测到入侵信息时，Web 端生成报警信息，通过 2G 模块拨打安防人员的电话并给手机发送短信。在空旷的种植场地也可以检测动物的入侵，一旦发现有入侵，则可以播放报警声进行驱赶，防止动物对农作物的破坏。

- 灯光控制方法包括手动控制、定时控制、自动控制等，可以通过 Web 界面手动控制、批量控制及单个控制，配置定时开灯、关灯，系统将按时自动执行，也可以配置光照强度的参数，根据光照强度自动开灯或关灯，以达到节能的效果。

- 终端设备通过向服务器发送心跳，反映自身的在线情况，同时发送自身的剩余电量。服务器端统计终端设备的在线或离线状态和剩余电量，提前更换电池，避免终端设备停止工作。终端设备的运行状态及相关数据存放在网关数据库中。网关自身数据也存放在数据库中。网关定期将数据库同步到服务器端。当终端设备发生故障时，只需将新设备的 ID 写成与故障设备一致，即可从服务器备份的数据库中获取故障设备的所有运行状态及相关数据，达到完整修复和无缝替换。

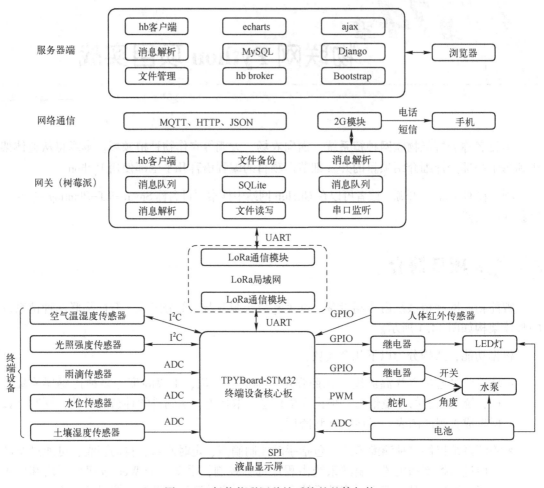

图 14.1　智能物联网种植系统的整体架构

14.2　终端设备程序开发

终端设备包含众多硬件，以 STM32 MCU 为核心，搭载了多种传感器、舵机、水泵、LED 灯、液晶显示屏等，使用 LoRa 通信模块与网关通信。

图 14.2 为终端设备的实物外形。

终端设备的功能如下：

- 数据采集：通过空气温湿度传感器、光照强度传感器、雨滴传感器、水位传感器、土壤湿度传感器等多种传感器采集当前的环境数据。

图 14.2　终端设备的实物外形

- 电量检测：终端设备采用电池供电，通过 ADC 接口采集当前电池的剩余电量。

- 水泵控制：使用继电器控制水泵的开关，使用舵机控制水泵的角度和旋转速率。

- LoRa 通信：通过串口控制 LoRa 通信模块，实现终端设备与网关的通信。

- 灯光控制：通过继电器控制 LED 灯。

- 入侵检测：通过人体红外传感器检测入侵信号。

- 数据显示：通过 SPI 接口驱动液晶显示屏，显示终端设备的关键数据和运行状态。

14.2.1　采集空气温湿度

空气温湿度值通过 DHT11 传感器采集。DHT11 是一款含有已校准数字信号输出的温湿度复合型传感器，采用专用的数字模块采集技术，具有较高的可靠性和卓越的长期稳定性。

DHT11 具有单总线和标准 I^2C 两种通信方式。单总线通信方式使系统集成变得简易快捷，具有超小体积、较低功耗的特点，应用场景广泛。I^2C 通信方式采用标准的通信时序，可直接挂在 I^2C 通信总线上，不需要额外布线，使用简单。两种通信方式可自由切换。DHT11 传感器的实物图如图 14.3 所示。

图 14.3　DHT11 传感器的实物图

DHT11 驱动程序

在项目中使用的 DHT11 采用单总线通信方式。终端设备核心板（TPYBoard-STM32）与 DHT11 之间是主从关系，只有当主机呼叫时，DHT11 才应答，在主机访问期间，必须严格遵守单总线通信时序。如果出现时序混乱，将不能正确读取温湿度值。

DHT11 单总线通信时序图如图 14.4 所示。

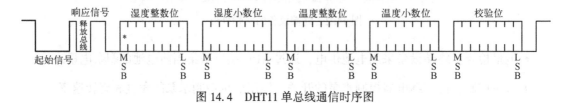

图 14.4　DHT11 单总线通信时序图

DHT11 单总线通信时序及数据说明如下。

名　　称	单总线格式定义
起始信号	主机把数据总线拉低一段时间（18 毫秒），通知 DHT11 准备数据
响应信号	DHT11 把数据总线拉低 80 微秒，再拉高 80 微秒以响应主机的起始信号
数据格式	收到主机起始信号后，DHT11 一次性从数据总线中读出 40 位数据，高位先出
湿度	湿度高位为湿度整数位数据，湿度低位为湿度小数位数据
温度	温度高位为温度整数位数据，温度低位为温度小数位数据，温度低位 Bit8 为 1 表示温度为负数，否则为正数
校验位	校验位＝湿度高位+湿度低位+温度高位+温度低位

当主机接收到 DHT11 回复的 40 位数据后，经解析，得到温湿度值，接下来将举例说明解析方法。

示例一　当温度值为正时，接收到的 40 位数据为

<u>00111000</u>　<u>00001000</u>　<u>00011010</u>　<u>00000110</u>　<u>01100000</u>

湿度整数　湿度小数　温度整数　温度小数　校验位

00111000+000010000+00011010+00000110=01100000（校验位），说明接收的数据正确。

湿度：00111000（二进制）=>56（十进制）000010000（二进制）=>8（十进制）

　　　=>56.8% RH

温度：00011010（二进制）=>26（十进制）00000110（二进制）=>6（十进制）

　　　=>26.6℃

示例二　当温度值为负时，接收到的 40 位数据为

00111000　00001000　00011010　10000110　11100000

湿度整数　湿度小数　温度整数　温度小数　校验位

00111000+000010000+00011010+10000110=11100000（校验位），说明接收的数据正确。

湿度：00111000（二进制）=>56（十进制）000010000（二进制）=>8（十进制）

　　　=>56.8% RH

温度：温度低位 Bit8 为 1 时表示温度为负数。

　　　00011010（二进制）=>26（十进制）10000110（二进制，忽略 Bit8）=>6（十进制）

　　　=>-26.6℃

熟悉了 DHT11 的通信时序和数据解析方法后，就可以编写 DHT11 的驱动程序了。驱动程序名称为 DHT11.py，代码为

```python
import pyb
from pyb import UART
from pyb import Pin
import time
class DHT11:
    def __init__(self,pin_):
        self.PinName=pin_
        time.sleep(1)
        self.gpio_pin = Pin(pin_, Pin.OUT_PP)
    def read_temp_hum(self):
        data=[]
        j=0
        gpio_pin=self.gpio_pin
        gpio_pin = Pin(self.PinName, Pin.OUT_PP) # can not ignore
        gpio_pin.low()
        time.sleep(0.018)
        gpio_pin.high()
        #wait to response
        gpio_pin = Pin(self.PinName,Pin.IN)
        while gpio_pin.value()==1:
            continue
        while gpio_pin.value()==0:
            continue
        while gpio_pin.value()==1:
                continue
        #get data
        while j<40:
            k=0
            while gpio_pin.value()==0:
                continue
            while gpio_pin.value()==1:
                k+=1
```

```
                    if k>100:break
                if k<3:
                    data. append(0)
                else:
                    data. append(1)
                j=j+1
            j=0

            humidity_bit=data[0:8]
            humidity_point_bit=data[8:16]
            temperature_bit=data[16:24]
            temperature_point_bit=data[24:32]
            check_bit=data[32:40]
            humidity=0
            humidity_point=0
            temperature=0
            temperature_point=0
            check=0
            temp_negative=0

#           data[24] = 1
#           print(data[24:32])

#means temperature value is negative,set data[24] with 0 to ignore it.
            if data[24] == 1:
                data[24] = 0
#                print(data[24:32])
                temp_negative = 1
            for i in range(8):
                humidity+=humidity_bit[i]*2**(7-i)
                humidity_point+=humidity_point_bit[i]*2**(7-i)
                temperature+=temperature_bit[i]*2**(7-i)
                temperature_point+=temperature_point_bit[i]*2**(7-i)
                check+=check_bit[i]*2**(7-i)
            tmp=humidity+humidity_point+temperature+temperature_point
            if check==tmp:
                if temp_negative == 1:
                    return -(temperature+temperature_point/10),humidity+humidity_point/10
                    temp_negative = 0
                else:
                    return temperature+temperature_point/10,humidity+humidity_point/10
            else:
                print('checksum ERROR')
                return 0,0
```

获取温湿度值

驱动程序编写好之后，接下来连接外设并编写主程序进行验证。需要说明的是，在终端程序中，外设程序均各自保存为一个独立的文件，在主程序需要用到外设功能时，将以模块的形式进行加载或调用。

DHT11 和核心板之间的连接如图 14.5 所示。

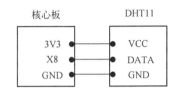

图 14.5　DHT11 和核心板之间的连接

连接完成之后，编写主程序 main.py 测试 DHT11 采集到的数据，代码为

```
import pyb
import micropython
import time
from DHT11 import DHT11

if __name__ == '__main__':
    S = DHT11('X8')
    while True:
        print('------------------------------------')
        temp = 0
        hum = 0
        temp,hum = S.read_temp_hum()
        print('Temperature: %s' % temp)
        print('Humidity: %s' % hum)
        time.sleep(3)
```

在代码中，首先导入 pyb、micropython、DHT11 等模块，然后实例化 DHT11 对象 S，将数据接口定义为 X8，每隔 3 秒，通过 DHT11 模块的 read_temp_hum() 方法获取温湿度值并显示。

将 DHT11 驱动程序 DHT11.py 和主程序 main.py 放在核心板的映射盘中，启动核心板获取温湿度值的代码为

```
------------------------------------
Temperature: 16.3
Humidity: 77.0
------------------------------------
Temperature: 16.2
```

```
Humidity：71.0
------------------------------------------
Temperature：16.3
Humidity：77.0
------------------------------------------
Temperature：16.2
Humidity：77.0
```

14.2.2　获取环境光照强度

核心板通过 GY-30 模块（光照强度传感器）获取环境光照强度。GY-30 模块的实物图如图 14.6 所示。

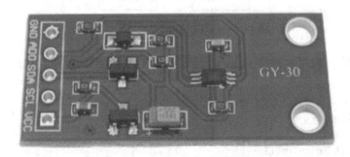

图 14.6　GY-30 模块的实物图

GY-30 模块采用 BH1750FVI 芯片，光照强度范围为 0～65535lx，内置 16bitAD 转换器，直接输出数值，省略了复杂的计算过程，采用标准 I^2C 通信方式，与单片机 IO 接口可直接连接。

GY-30 模块引脚说明：

- GND——接地；

- ADO——地址引脚，在低电平时地址为 0x23，在高电平时地址为 0x5c；

- SDA——I^2C 数据线；

- SDL——I^2C 时钟线；

- VCC——供电。

 GY-30 模块驱动程序

编写 GY-30 模块的驱动程序 LightIntensity.py，代码为

```
from pyb import I2C
import time
```

```python
# Define some constants from the datasheet

DEVICE       = 0x23 # The value is 0x23 if GY-30's ADO(ADDR) pin is connected to GND, value is
0x5c while VCC.

POWER_DOWN = 0x00 # No active state
POWER_ON   = 0x01 # Power on
RESET      = 0x07 # Reset data register value


# Start measurement at 4lx resolution. Time typically 16ms.
CONTINUOUS_LOW_RES_MODE = 0x13
# Start measurement at 1lx resolution. Time typically 120ms
CONTINUOUS_HIGH_RES_MODE_1 = 0x10
# Start measurement at 0.5lx resolution. Time typically 120ms
CONTINUOUS_HIGH_RES_MODE_2 = 0x11
# Start measurement at 1lx resolution. Time typically 120ms
# Device is automatically set to Power Down after measurement.
ONE_TIME_HIGH_RES_MODE_1 = 0x20
# Start measurement at 0.5lx resolution. Time typically 120ms
# Device is automatically set to Power Down after measurement.
ONE_TIME_HIGH_RES_MODE_2 = 0x21
# Start measurement at 1lx resolution. Time typically 120ms
# Device is automatically set to Power Down after measurement.
ONE_TIME_LOW_RES_MODE = 0x23


i2c = I2C(1, I2C.MASTER)                    # create and init as a master

def convertToNumber(data):
    # Simple function to convert 2 bytes of data
    # into a decimal number
    #return ((data[1] + (256 * data[0])) / 1.2)
    #convert float to int
    return int(((data[1] + (256 * data[0])) / 1.2))

def readLight(addr=DEVICE):
#   data = bus.read_i2c_block_data(addr,ONE_TIME_HIGH_RES_MODE_1)
    i2c.send(CONTINUOUS_HIGH_RES_MODE_1, DEVICE)
    time.sleep(0.2)   #Waiting for the sensor data
    data = i2c.mem_read(8, DEVICE, 2) # read 3 bytes from memory of slave 0x23, tarting at address
2 in the slave
    return convertToNumber(data)
```

获取光照强度值

驱动程序编写好之后，接下来连接外设，并编写主程序进行验证。

GY-30 模块与核心板的连接如图 14.7 所示。

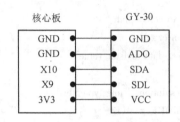

图 14.7　GY-30 模块与核心板的连接

编写测试主程序 main.py 获取环境光照强度值，代码为

```
import pyb

#Import light intensity needed module
import LightIntensity
import time

print('light intensity module test')
if __name__ == '__main__':
    while True：
        print('Light Intensity：%s' % LightIntensity.readLight())
time.sleep(2)
```

在代码中导入了 LightIntensity 模块，每隔 2 秒，通过 LightIntensity.readLight() 方法获取光照强度值并显示。

将 GY-30 模块驱动程序 LightIntensity.py 和测试主程序 main.py 放在核心板的映射盘中，启动核心板后可获取光照强度值，通过手机自带的手电筒照射 GY-30 模块，可得到不同的光照强度值。

14.2.3　雨量检测

FC-37 雨滴传感器采用高品质的 FR-04 双面材料，表面进行镀镍处理，抗氧化，寿命长，是一款性能强大的传感器。FC-37 雨滴传感器的实物图如图 14.8 所示。

FC-37 雨滴传感器有电源指示灯和信号指示灯；灵敏度通过电位器调节；输出信号包含数字信号和模拟信号；当没有雨滴时，数字信号接口输出为高电平，有雨滴时，数字信号接口输出为低电平；模拟信号接口输出雨滴数据，可以直接通过单片机的 ADC 接口采集雨滴数据。

图 14.8　FC-37 雨滴传感器的实物图

编写雨滴传感器驱动程序，保存为 rainfall.py，代码为

```python
import pyb
from pyb import Pin
p_in = Pin('X12', Pin.IN, Pin.PULL_UP)


adc = pyb.ADC(Pin('X11'))          # create an analog object from a pin
adc = pyb.ADC(pyb.Pin.board.X11)
# read an analog value
def getRainAo():
    return adc.read()


# read an digital value
def getRainDo():
    return p_in.value
```

FC-37 雨滴传感器与核心板的连接如图 14.9 所示。

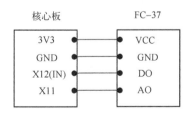

图 14.9　FC-37 雨滴传感器与核心板的连接

完成连接之后，编写测试主程序 main.py 获取当前的雨量，代码为

```
import pyb
import rainfall
import time

if __name__ == '__main__':
    while True:
        print('Rainfall digital value: %s' % rainfall. getRainDo())
        print('Rainfall analog value: %s' % rainfall. getRainAo())
        time. sleep(2)
```

在代码中导入了 rainfall 模块，每隔 2 秒，分别通过 getRainDo() 和 getRainAo() 方法获取当前雨量的模拟量和数字量。

将雨滴传感器驱动程序 rainfall. py 和测试主程序 main. py 放在核心板的映射盘中，启动核心板后可获取雨量。

14. 2. 4　水位检测

水位传感器可以采集当前环境的水位信息，可以辅助计算当前的雨量、获取水培植物的当前水位、检测储水容器的剩余水量。水位传感器是一款简单易用、性价较高的传感器，可以通过一系列暴露的平行导线线迹测量水量来判断水位，能够轻松完成实际水量到模拟信号的转换，输出的模拟信号可以直接被单片机的 ADC 接口读取。水位传感器的实物图如图 14. 10 所示。

图 14.10　水位传感器的实物图

编写水位传感器的驱动程序，保存为 WaterLevel. py，代码为

```
import pyb
from pyb import Pin

adc = pyb. ADC(Pin('A7'))          # create an analog object from a pin
adc = pyb. ADC(pyb. Pin. board. A7)
# read an analog value
def getWaterLevel():
    return adc. read()
```

水位传感器与核心板的连接如图 14.11 所示。

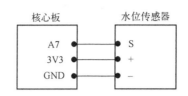

图 14.11 水位传感器与核心板的连接

完成连接之后，编写测试主程序 main. py 获取当前的水位，代码为

```
import pyb
import WaterLevel
import time
if __name__=='__main__':
    while True:
        print('Water level: %s' % WaterLevel. getWaterLevel())
        time. sleep(2)
```

在代码中导入了 WaterLevel 模块，每隔 2 秒，分别通过 getWaterLevel() 方法获取当前的水位。

将水位传感器驱动程序 WaterLevel. py 和测试主程序 main. py 放在核心板的映射盘中，启动核心板后可获取当前的水位，水位会随着实际水位的变化而变化。

14.2.5 土壤湿度检测

土壤湿度传感器可以采集当前的土壤湿度。土壤湿度传感器的实物图如图 14.12 所示。

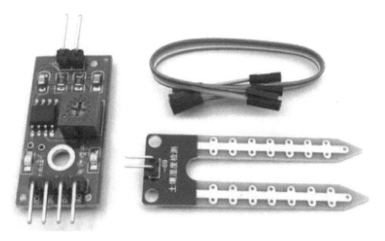

图 14.12 土壤湿度传感器的实物图

土壤湿度传感器带有电源指示灯和信号指示灯，输出信号包含数字信号和模拟信号。土壤湿度传感器上的蓝色电位器用于土壤湿度的阈值调节，顺时针调节，控制的湿度变大；逆

时针调节，控制的湿度变小。数字信号输出接口与单片机直接连接，通过单片机检测高、低电平来检测土壤湿度。湿度低于设定值时，数字信号接口输出高电平，高于设定值时，输出低电平。模拟信号接口输出当前具体的土壤湿度，可以直接通过单片机的 ADC 接口采集土壤湿度。

编写土壤湿度传感器的驱动程序，保存为 moisture.py，代码为

```python
import pyb
from pyb import Pin
p_in = Pin('Y12', Pin. IN, Pin. PULL_UP)

adc = pyb. ADC(Pin('Y11'))          # create an analog object from a pin
adc = pyb. ADC(pyb. Pin. board. Y11)
# read an analog value
def getMoisAo():
  return adc. read()

# read an digital value
def getMoisDo():
  return p_in. value
```

土壤湿度传感器与核心板的连接如图 14.13 所示。

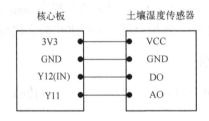

图 14.13　土壤湿度传感器与核心板的连接

完成连接之后，编写测试主程序 main. py 获取当前的土壤湿度，代码为

```python
import pyb
import moisture
import time

if __name__ == '__main__':
  while True:
    print('Moisture digital value: %s' % moisture. getMoisDo())
    print('Moisture analog value: %s' % moisture. getMoisAo())
    time. sleep(2)
```

在代码中导入了 moisture 模块，每隔 2 秒，分别通过 getMoisDo()方法和 getMoisAo()方法获取当前土壤湿度的模拟量和数字量。

将土壤湿度传感器驱动程序 moisture. py 和测试主程序 main. py 放在核心板的映射盘中，

启动核心板后可获取当前的土壤湿度。

14.2.6　水泵控制

终端设备对水泵的控制可分为两部分：通过继电器控制水泵的开启或关闭；通过舵机调整水泵的出水角度和转动速率。

 继电器控制水泵开关

项目采用 RS360 微型水泵，工作电压为 2～12V，可使用充电宝供电，通过继电器控制水泵的开启或关闭。继电器和水泵的实物图如图 14.14 所示。

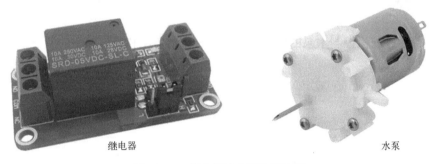

图 14.14　继电器和水泵的实物图

继电器接口的最大负载：交流为 250V/10A，直流为 30V/10A，可以通过跳线设置高电平或低电平触发，有电源指示灯（绿色）和状态指示灯（红色）。

继电器的输入接口：

- DC+——接电源正极；
- DC-——接电源负极；
- IN——控制信号输入。

继电器的输出接口：

- NO——常开接口，吸合前悬空，吸合后与 COM 短接；
- COM——公用接口；
- NC——常闭接口，吸合前与 COM 短接，吸合后悬空。

高、低电平触发选择端：

- H——跳线与 H（High）短接时为高电平触发；
- L——跳线与 L（Low）短接时为低电平触发。

核心板、继电器、水泵的连接如图 14.15 所示。

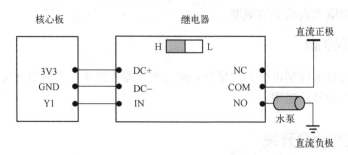

图 14.15　核心板、继电器、水泵的连接

 舵机控制水泵角度

终端设备通过舵机控制水泵的出水管，实现对出水角度和旋转速率的调节。舵机实物图如图 14.16 所示。

图 14.16　舵机实物图

舵机的最大旋转角度为 180°，有三个引脚。其中，红色线端为电压输入端，棕色线端为接地端，橙色线端为 PWM 信号输入端，可以通过核心板提供的伺服系统模块控制舵机。舵机与核心板的连接如图 14.17 所示。

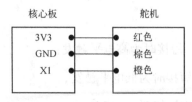

图 14.17　舵机与核心板的连接

熟悉了继电器、舵机、水泵等特性之后，接下来编写水泵控制程序，文件为 irrigate. py，代码为

```
import pyb
from pyb import Servo
from pyb import Pin
servo=Servo(1) # X1
pin_out = Pin('Y1', Pin.OUT_PP)

def irrigate_start():
    pin_out.high()

def irrigate_stop():
    pin_out.low()

def irrigate_rotate(angle):
    servo.angle(angle)
```

在代码中，通过 GPIO 输出高电平驱动继电器开启水泵，输出低电平关闭水泵，Micro-Python 提供的 Servo 模块可以输出 PWM 信号驱动舵机。

将 irrigate. py 文件放置在核心板中，在核心板的交互式解释器中使用 irrigate. py 模块测试水泵的开启和旋转功能，即

```
>>> import irrigate                    #导入模块
>>> irrigate.irrigate_start()          #开启水泵
>>> irrigate.irrigate_stop()           #关闭水泵
>>> irrigate.irrigate_rotate(0)        #水泵出水管角度初始化
>>> irrigate.irrigate_rotate(90)       #水泵出水管旋转 90°
```

14.2.7 入侵检测

终端设备核心板通过 HC-SR501 人体红外传感器进行入侵检测。HC-SR501 人体红外传感器的实物图如图 14.18 所示。

HC-SR501 是基于红外线技术的自动控制模块，采用德国原装进口 LH1778 探头设计，灵敏度高，可靠性强，超低电压工作模式。当有人进入感应区域时，模块的信号接口输出高电平；当人离开感应区域时，模块的信号接口输出低电平。模块上电之后，有 1 分钟左右的初始化时间，1 分钟后进入待机状态。模块可以通过跳线选择两种不同的触发方式（可重复触发和不可重复触发）；感应角度<100°锥角；带有距离调节电位器，顺时针旋转距离调节电位器时可增大感应距离（最大感应距离约为 7 米），逆时针旋转距离调节电位器时可减短感应距离（最短感应距离约为 3 米）；带有延时调节电位器，顺时针旋转延时调节电位器时可增加延时（最大约为 300 秒），逆时针旋转延时调节电位器时可减少延时（最小约为 0.5 秒）。

图 14.18　HC-SR501 人体红外传感器的实物图

人体红外传感器与核心板的连接如图 14.19 所示。

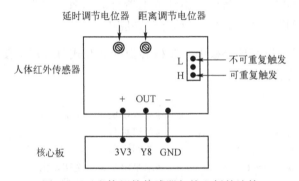

图 14.19　人体红外传感器与核心板的连接

编写入侵检测驱动程序 security. py，代码为

```
import pyb
from pyb import Pin
motion_detect = Pin('Y8',Pin. IN,Pin. PULL_UP)
#if motion sensor value is 1, otherwise 0.
def detectMotion( ) :
    return motion_detect. value( )
```

14.2.8　灯光控制

项目使用 LED 灯模拟真实的灯泡。终端设备的核心板通过继电器实现对 LED 灯的控制。

核心板与继电器、LED 灯的连接如图 14.20 所示。

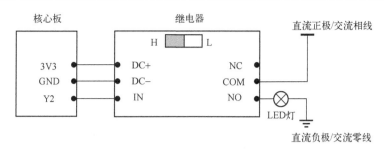

图 14.20　核心板与继电器、LED 灯的连接

编写灯光控制驱动程序 light.py，代码为

```
import pyb
from pyb import Pin
pin_out = Pin('Y2', Pin.OUT_PP)

def light_on():
    pin_out.high()

def light_off():
    pin_out.low()
```

在代码中，通过 GPIO Y2 输出高电平驱动继电器开启 LED 灯，输出低电平关闭 LED 灯。类似水泵的控制方法，读者同样可以在核心板的交互式解释器中测试 light.py 的功能。

14.2.9　电量检测

终端设备通过 ADC 检测当前的电压和电池的剩余电量，当电量过低时，需要将提示信息传输到后台，提示需要更换电池。

14.2.10　LoRa 通信模块

终端设备通过 LoRa 通信模块与网关通信。项目采用 E32-TTL-100 LoRa 通信模块。该模块是一款基于 SEMTECH 公司的 SX1278 射频芯片的无线串口模块，工作在 410~441MHz 频段，采用透明传输方式，TTL 电平输出。LoRa 通信模块的实物图如图 14.21 所示。

LoRa 扩频技术具有更远的通信距离、功率密度集中、抗干扰能力强的优势，具有数据加密和压缩功能。总体来说，LoRa 通信模块具有下列特性：

- 采用 LoRa 扩频技术，通信距离远，抗干扰能力强，保密性高，具有极好的抗多径衰落性能；

- 功耗超低，具有空中唤醒功能，特别适于电池供电的应用场景；

- 具有定点发射、支持地址功能，主机可将数据发射到任意地址、任意信道的模块中，实现组网、中继等功能；

- 具有广播监听功能，当设置地址为 0xFFFF 时，可以监听相同信道上所有模块中的信号；

图 14.21　LoRa 通信模块的实物图

- 具有前向纠错功能，含有软件 FEC 前向纠错算法，编码效率较高，纠错能力强，可提升传输的可靠性，增加测试距离；

- 具有休眠功能，当处于模式 3（休眠模式）时，整体功耗很低；

- 适用场景广泛，433MHz 频率属于免费频段，可免申请直接使用。

LoRa 通信模块引脚名称、方向及用途为

引 脚 名 称	引 脚 方 向	引 脚 用 途
M0	输入	与 M1 配合，决定 4 种工作模式（不可悬空，可接地）
M1	输入	与 M0 配合，决定 4 种工作模式（不可悬空，可接地）
RXD	输入	TTL 串口输入，连接单片机的 TXD 输出引脚
TXD	输出	TTL 串口输出，连接单片机的 RXD 输入引脚
AUX	输出	用于指示工作状态，唤醒外部 MCU，在上电自检初始化期间输出低电平（可悬空）
VCC		电源接口，电压范围：2.3~5.5V DC
GND		接地

LoRa 通信模块的 4 种工作模式为

工 作 模 式	M0	M1	说　　明	备　　注
0 一般模式	0	0	串口打开，无线打开，透明传输	接收方必须是模式 0/1
1 唤醒模式	1	0	串口打开，无线打开； 与模式 0 的区别：在发射数据包前，自动增加唤醒码	接收方可以是模式 0/1/2

续表

工作模式	M0	M1	说　　明	备　　注
2 省电模式	0	1	关闭串口接收，无线处于空中唤醒模式，收到无线数据后，打开串口发出数据	模块不能发射，发射方必须是模式 1
3 休眠模式	1	1	休眠，可以接收参数设置命令	

LoRa 通信模块与核心板的连接如图 14.22 所示。

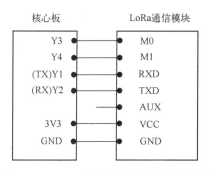

图 14.22　LoRa 通信模块与核心板的连接

 ## LoRa 通信模块初始化

编写代码对 LoRa 通信模块进行初始化，与 M0、M1 对应的 GPIO 接口输出低电平，将模式设置为模式 0，同时初始化串口 6，代码为

```
import pyb
from pyb import Pin
from pyb import Timer
from pyb import UART

#Set LoRa module with mode-0.
M0 = Pin('Y3', Pin.OUT_PP)
M1 = Pin('Y4', Pin.OUT_PP)
M0.low()
M1.low()
#Init uart6 for LoRa module.
loRa_uart = UART(6,9600)
loRa_uart.init(9600, bits=8, parity=None, stop=1)
```

 ## LoRa 通信模块发送数据

初始化完成之后，通过 UART 模块的 write() 方法发送数据，如发送一条设备上线的 JSON 数据，注意在发送前要对数据进行编码，即

```
json_online='{"ID":"1","CMD":"Online","TYPE":"N","VALUE":"N"}'
loRa_uart.write(json_online.encode())
```

LoRa 通信模块监听与读取数据

UART 提供了 any() 方法用于监听串口接收的数据，返回串口接收缓存中的数据长度，当返回值大于 0 时，调用 read() 方法读取 LoRa 通信模块数据，并对数据进行解码，代码为

```
len = loRa_uart.any()
    if(len > 0):
        recv = loRa_uart.read()
        print(recv.decode())
```

读者可以使用两个 LoRa 通信模块进行收、发测试。

14.2.11　JSON 消息

终端设备与网关之间传输的数据采用 JSON 格式。JSON 格式的数据精炼，容易解析。项目的终端设备与网关之间传输的 JSON 格式为

ori_ID	des_ID	CMD	VALUE
发送端设备 ID	接收端设备 ID	消息类别	数组

比如，ID 为 1 的终端设备发送上线消息给 ID 为 123456 的网关，JSON 格式为

```
{"ori_ID":"1","des_ID":"123456","CMD":"Online","VALUE":[]}
```

消息类别如下：

- 上线消息——终端设备启动时给网关发送上线消息，网关返回该终端设备的各种数据及运行状态；

- 心跳消息——终端设备定期发送心跳消息给网关，并携带自身的剩余电量信息；

- 环境信息——终端设备定期上报各种环境参数；

- 控制指令——网关发送指令给终端设备，实现对终端设备的控制，如开灯、关灯、开启水泵、关闭水泵、布防、撤防等；

- 报警消息——检测到入侵时，发送信息给网关。

消息的 JSON 格式为

消息类别	ori_ID	des_ID	CMD	VALUE	消息方向
上线消息	1	123456	Online	[ ]	终端设备->网关
心跳消息	1	123456	Heart	[{ "battery" : "80" }]	终端设备->网关
环境信息	1	123456	Env	[{ "temp" : "28" } , { "hum" : "65" } , …]	终端设备->网关
报警消息	1	123456	Alarm	[ ]	终端设备->网关
控制指令	123456	1	Control	[{ "light" : "On" } , { "pump" : "Stop" } , …]	网关->终端设备

14.3　网关程序开发

项目使用的网关为树莓派 3 代 B 版。网关向上连接服务器端，向下连接终端设备。网关功能框图如图 14.23 所示。

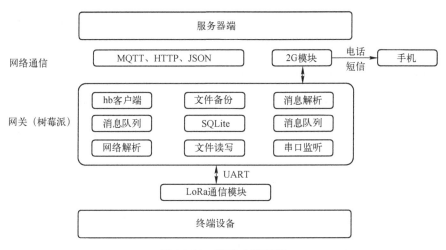

图 14.23　网关功能框图

网关的主要功能有：

- 终端通信——网关通过 LoRa 通信模块与终端设备通信，包括数据的监听、接收、缓存、解析和发送等；

- 后端通信——网关通过 Wi-Fi、有线网络、移动网络等方式，采用 MQTT、HTTP 协议与服务器端通信；

- 手机告警——在网关收到终端设备的报警消息后，通过 2G 模块拨打安防人员的电话，并给手机发送短信；

- 数据存储——存储所有终端设备的状态信息和配置参数；

- 文件备份——定期将本地数据库传输到服务器端备份，以防因网关损坏，造成数据丢失。

14.3.1　终端通信

网关通过 LoRa 通信模块与终端设备通信，消息模型如图 14.24 所示。

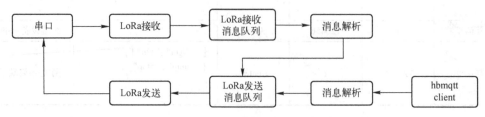

图 14.24　网关终端通信消息模型

分析消息模型如下：

- 网关开启一个线程/协程监听来自串口的 LoRa 消息；
- 当串口有消息时，读取消息，并将消息加入 LoRa 接收消息队列；
- 当网关发生 IO 阻塞，也就是监听串口时，负责数据解析的线程/协程开始执行，从 LoRa 接收消息队列中取出消息并进行解析；
- 如果解析结果需要返回消息给终端设备，则将消息加入 LoRa 发送消息队列；
- 除了解析本地消息，还解析来自服务器端的外网消息，通过 hbmqtt chient 接收；
- 如果外网消息的解析结果需要发送给终端设备，则负责外网消息解析的线程/协程将消息加入 LoRa 发送消息队列；
- 负责发送的线程/协程在 IO 阻塞时从 LoRa 发送消息队列中取出消息并调用串口发送。

14.3.2　数据库管理

网关需要存储终端设备的运行状态和配置信息。项目使用 SQLite 数据库存储这些数据，创建名为 gw. db 的数据库，创建表 DEVICE，表中包含的字段为

表　头	含　义	数据类型	是否主键	示例数据
ID	设备 ID	INTEGER	是	1
LIHGT	灯光状态	TEXT	否	ON/OFF
PUMP	水泵运行状态	TEXT	否	Run/Stop
ANGLE	水泵出水角度	INTEGER	否	45°/90°
ALARM	安防状态	TEXT	否	Open/Close
PHONE	手机号	INTEGER	否	13880002222

创建表 DEVICE 的 SQL 语句为

```
CREATE TABLE DEVICE(
ID INTEGER PRIMARY KEY NOT NULL,
LIGHT     TEXT,
PUMP      TEXT,
ANGLE     TEXT,
ALARM     TEXT,
PHONE     INTEGER
);
```

14.3.3　文件备份

本地数据库 gw. db 与服务器的备份和同步参考 12.3 节的内容。

14.3.4　服务器通信

网关通过 MQTT 协议与服务器通信，进行数据和指令的传输，使用 MQTT 的 Python 编写 hbmqtt 模块的代码。服务器端既是 MQTT Broker 也是 MQTT 客户端。网关是 MQTT 客户端。网关和服务器分别订阅 MQTT 的不同主题，通过发布指定主题实现通信。hbmqtt 的实现请参考 12.4 节的内容，同时查看项目在 GitHub 上的源代码。

14.3.5　2G 模块

项目使用 2G 模块 GA6 在没有以太网或 Wi-Fi 覆盖的地方，保证网关与服务器的通信，当终端设备检测到入侵信息时，利用 2G 模块的语音和短信功能可第一时间实现最直接的报警。

GA6 模块的实物图如图 14.25 所示。

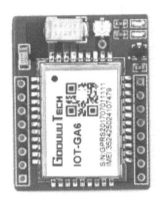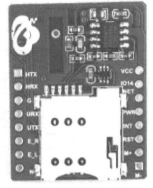

图 14.25　GA6 模块的实物图

GA6 模块可以自动搜寻 GSM850、EGSM 900、DCS 1800、PCS1900 等频段，支持语音通话、SMS 短信、移动和联通 2G、全球的 GSM 网络，下载速率为 85.6kb/s，上传速率为

42.8kb/s，支持符合 GSM 07.10 协议的串口复用功能，支持两个串口，即一个下载串口、一个 AT 命令接口。AT 命令接口支持标准的 AT 和 TCP/IP 命令接口，支持数字音频和模拟音频，支持 HR、FR、EFR、AMR 语音编码。

GA6 模块与网关的连接如图 14.26 所示。

连接之后，串口程序通过发送 AT 指令操作 GA6 模块。

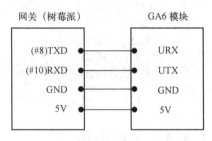

图 14.26　GA6 模块与网关的连接

 打电话

发送 AT 指令：ADT+号码，如拨打 10086 的指令为 ADT10086。

 发短信

发短信的 AT 指令流程如下：

- AT+CMGF=1——配置短信方式为 TEXT 模式；

- AT+CSCS="GSM"——设置 TE 输入字符集格式为 GSM 格式；

- AT+CMGS="13880001111"——发送短信到指定号码。

14.4　服务器端程序开发

服务器端既要提供人机接口（Web 界面），又要实现与网关的通信。服务器端程序框图如图 14.27 所示。

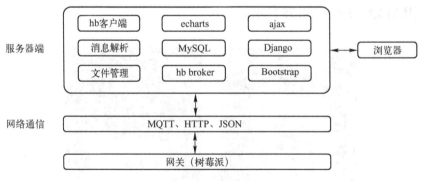

图 14.27　服务器端程序框图

服务器端程序有下列功能：

- 接入控制，负责网关设备的接入、连接管理；

- 指令转发，转发 Web 和终端设备之间的指令；

- 数据可视化，将终端设备采集的数据用直观的图表显示出来；

- 文件管理，存储所有终端设备的状态信息，若终端设备损坏，则能够无缝还原数据，定期删除时间过长的数据库文件；

- 用户管理，管理用户的个人信息；

- 策略制定，如设定土壤湿度与浇水量之间的关系，实现远程自动浇水；

- 消息推送，主动推送消息给终端设备和用户；

- 设备管理，显示终端设备、网关的运行状态（是否在线及离线时间、剩余电量、CPU温度等）。

14.4.1　与网关通信

服务器端通过 MQTT 协议与网关通信，进行数据和指令的传输，使用 MQTT 的 Python 编写 hbmqtt 模块的代码。

14.4.2　环境数据可视化

环境信息显示界面如图 14.28 所示。

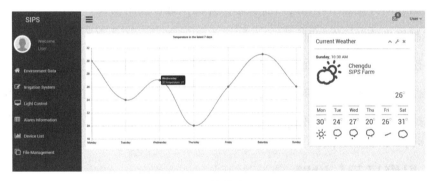

图 14.28　环境信息显示界面

图中的左侧添加了导航栏，分别有环境数据（Environment Data）、滴灌系统（Irrigation System）、灯光控制（Light Control）、报警信息（Alarm Information）、设备列表（Device List）、文件管理（File Management）等栏目。

图中的右侧根据当前环境数据计算出天气状况，用图标的方式直观显示，同时还显示了最近 7 天的气象信息。

图中的中间部分显示了最近 7 天的每天平均气温，通过曲线可以直观地了解温度的变化趋势。

其他环境数据均采用类似的图表显示。

14.4.3　滴灌控制

滴灌控制界面主要有两个功能：

一个功能是显示系统中所有水泵的运行状态；

另一个功能是对所有水泵进行远程控制。

水泵的控制分为两个维度：

一个是开关控制；

另一个是角度控制。

远程控制水泵的方式有三种：

- 手动控制：在 Web 界面填写水泵的出水角度和旋转速率等参数，单击按钮可实现人为主动控制水泵；

- 定时控制：在 Web 界面配置浇水时间，水泵将定时自动实现浇水，还可配置水泵的旋转速率和浇水的持续时间；

- 自动控制：设置土壤湿度的临界值，当服务器获取的土壤湿度低于临界值时，自动开启水泵，当土壤湿度高于临界值时，自动关闭水泵。

14.4.4　灯光控制

灯光控制界面负责显示灯光的当前状态，并提供远程控制接口。

远程控制灯光的方式有三种：

- 手动控制：单击 Web 界面的灯光开关，实现对灯光的远程控制；

- 定时控制：在 Web 界面配置灯光自动开启或关闭的时间，定时执行开关动作；

- 自动控制：设置灯光开启或关闭的光照强度临界值，当服务器获得的光照强度低于临界值时，灯光自动开启，高于临界值时，灯光自动关闭。

14.4.5　报警显示与设置

报警界面提供了配置接口，可以填写多个安防人员的电话，终端设备一旦检测到入侵信息，会通过 2G 模块拨打设置好的电话，实现最直接的报警。同时，报警信息会汇总到服务器进行存储，用户可以通过 Web 界面查看报警历史信息。此外，报警界面还提供了布防、撤防等配置选项。

14.4.6　设备管理

设备管理界面用于显示所有终端设备、网关的运行状态，在线、离线信息，若离线时间过长，则需到现场排除故障，同时显示设备的剩余电量等其他参数，当电量不足时，可提示用户更换电池。

14.4.7　备份文件管理

备份文件管理界面用于显示所有网关上传的备份数据库，使用列表形式呈现。用户可手动对备份文件进行删除等操作，还可以配置自动删除机制，如自动删除超过 7 天的备份文件。配置之后，服务器程序将自动定期删除过期文件，节省存储空间。